p.002　（上）足尾山地の尾根上に仕掛けられたツキノワグマの学術捕獲罠。風通しがよく、誘引餌の蜂蜜の匂いが広範囲に拡散する。

（下）日光・中禅寺湖南岸のブナ林の床に敷き詰められたブナの堅果。豊作は数年に一度だが、脂質に富んだブナは森の動物すべてのごちそうだ。

p.003　（上）奥多摩山地のミズナラ大径木の根元にできた穴に冬眠するメスのツキノワグマ。外からお尻が丸見えだが気にしていない。

（下）足尾山地に仕掛けられた捕獲罠に接近する大型のツキノワグマ。まずは、頭だけを突っ込んで様子をうかがっている。

p.004　中禅寺湖・千手が浜のミズナラ。ツキノワグマが堅果を食べた痕である、〝クマ棚〟が見える。人と比べると随分高いことが分かる。

Moon Bear

ムーン・ベアも月を見ている

クマを知る、クマから学ぶ
現代クマ学最前線

山﨑晃司

Koji Yamazaki

INDEX

Moon Bear
ムーンベアも
を見ている

KUMA Column クマコラム

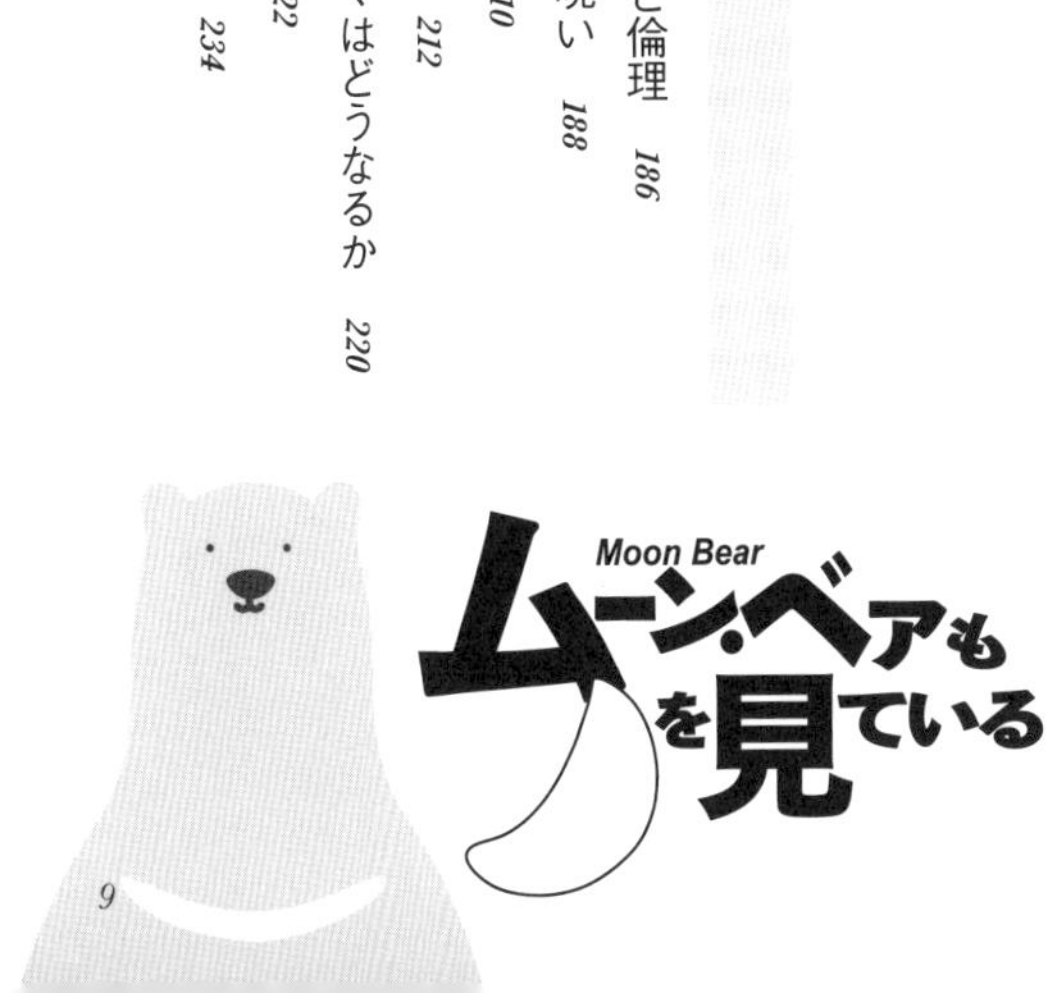

Moon Bear
ムーン・ベアも月を見ている

1 〝クマの人〟になるまで

どうしてクマの研究をしているのですか。たびたびこうした質問を受ける。クマの生き様を見てみたいからとか、研究の結果をクマの保全や管理に役立てたいからとか、その時その時で質問者の意図を想像して、それに沿うように答えている。もちろん、そうした答えは間違っていない。さりとて、理由のすべてでもない。

一番根幹の部分では、クマという生きもの自体がきっととても好きなのだ。さらに、クマに関わる人たち、つまり〝クマの人たち〟と過ごす時間もかけがえがない。とはいえ、これだけでは十分な説明にはなっていない。私がクマに出会うまでの話に、少しお付き合いいただきたい。

クマとの出会い

初めて野生のクマを見たのは、栃木県の足尾山地だった。1980年代前半の頃で、当時私はシカの研究に足繁くこの山に通う学生であった。

四輪車を買って維持するだけの経済力は当然ながらなく、くたびれたオフロードバイクに野営道具や調査機材（といっても当時はスポッティング・スコープ、三脚、双眼鏡、カメラといった、現在の山のような量の機材と比較するとごくシンプルなものであった）を満載して、季節を通して入山した。真冬の積雪や、アイスバーンも何のそのだ。バイクを操ることが好きだったこともある。

斜面の緑化は今ほど進んでおらず、あちらこちらに研究対象であるシカの姿と、そして今よりはずっとたくさんのカモシカが姿を見せていた。山火事や足尾鉱山の希硫酸を含む排煙によって、特に南向きの斜面は禿げ山や草地といった開放的な景観を呈していた足尾の山は、森という隠れ家に限りがあるため、動物の姿を見るにはうってつけだったのだ。

研究テーマは、ときどき起こる冬期の大雪が、シカたちの生態に与える影響を調べることだった。もちろん、積雪期だけではなく、その他の季節にも冬との比較のための調査は続けた。その調査の最中に、結構な頻度でクマが姿を現した。近くでばったり遭ったこともあったが、多くの場合、ある程度の距離を置いてであった。

クマの黒い毛並みは、カモシカも個体によってはかなり黒っぽいのだが、そうした質感とはまったく異なっていた。陽が当たると、斜面を歩くクマの圧倒的な筋肉のうねりにつれ、紫を帯びて艶やかに輝くのだ。

秋になると、山々にはシカの悲しげなラッティング・コールが響き渡る。どうした理由かその時は想像できなかったが、斜面に立派な角を持ったオスジカが時々死んでおり、高い確率でクマの姿をその傍に見かけた。シカを食べているのである。わずかな隙を狙って、キツネがさっと一噛みのために走りよってくる場面もあった。

スポッティング・スコープの視野一杯に繰り広げられる躍動に満ちた動物たちの生き様は、いつも興奮に満ちていた。シカの調査を放り出して、ずっとそこに留まっていたい気持ちになった。私がまだ20代そこそこの頃の話である。

丹沢のクマを追う

その後もシカの研究は、舞台を丹沢山地の西側に変えて続けられた。新しいテーマは、若いオスジカが母親と過ごした土地から、どのように独り立ちして、どこに出て行くかを調べることであった。研究費に限りがあったために、手造りの電波発信機を生け捕りしたシカに装着した。月の半分くらいは、営林署の作業小屋に寝泊りしながら山に篭った。１９８０年代後半の約3年間が、その調査に費やした期間であった。

その頃、１９７０年代に日本での先駆的なツキノワグマの研究に着手した一人である、羽澄俊裕さんが、丹沢西部にクマの調査地を新たに定めることになった。山中の数箇所に、ドラム缶を二連につないだ特製罠を仕掛け、クマを生け捕りして、電波発信機を装着して追跡するという算段である。私の方も、足尾山地でのクマの優美な姿が脳裏に焼きついていたし、シカ調査の傍ら、クマの調査を手伝うことにわくわくした。

手伝いの条件は、日当は不要な代わりに、満腹するまでご飯を食べさせてもらうことだった。当時、丹沢の麓をくねくね走る国道246号沿いにはたくさんのトラック食堂があって、迫力の山盛り飯を食べさせてくれたのだ。

クマの捕獲作業に加え、電波発信機を付けたクマの追跡作業もさせてもらった。クマはシカとはスケールの異なる移動を行うので、アンテナを取り付けた車での探索も行った。ちなみに、電波発信機は定間隔で水晶発信子からビーコンを出し、それは「ピッ、ピッ」というように聞こえる。

何時間も雑音交じりのスピーカーに注意し続けていると、なにやら幻聴のようなものまで聞こえてくる。くねくねとした山道を100㎞、200㎞と走り続けることもある。飽きてきても、ラジオや音楽を聴いて、気分転換が出来ないのが辛い。ビーコンの微かな音を聞き逃してしまうからだ。ごく微かな音を聞き取りクマの位置を発見できた時の喜びは、知っている人にしかわからない。

目の前にクマがいる！

発信器をクマに取り付けるためには、当然ながらクマを捕獲するための罠かけからはじまる。手伝いなのですべての罠を運んだわけではないが、ボッカ用の頑丈一点張りのスチール製背負子《しょいこ》に、ドラム缶罠本体に加えて鉄製の扉など、一式をくくりつけて急な山道を登っていく。

重いだけではなく、ドラム缶の形状から重心が背中から離れているため、後ろに引っ張られる。坂道ではそれがひどくなり、腰をぐいと曲げ、前かがみになって一歩一歩高度を上げていく。背負子から飛び出した扉用のフレームが枝や蔓《つる》にひっかかって難儀をする。それでも、明確な目的のある荷物運びは爽快なものだ。

クマはほどなく、罠にかかった。初めて間近で見るクマは、狭い罠の中で暴れまわっていた。しかも、私にとっての最初のその1頭は、ドラム缶とドラム缶の接合部の鉄板を折り曲げて、頭を出しつつあった。罠は以前別の地域で使われていた古いもので、接合部が錆びて腐食していたのだ。

念のために持参した鉄板を、隙間から手と鼻先を出すクマに押し付け、脱出を防ぐ。体重を思いきりかけて抑えている鉄板が、それでもぐいぐいと持ち上がり、クマの強い意志と圧倒的な力が鉄板越しに伝わった。獣医が打ち込んだ麻酔が効くまでの時間が永く感じられた。

やっと麻酔により動かなくなったクマを罠から引き出し、体の計測や採血、電波発信器の装着などを羽澄さんらが数人がかりで進めていく。私は初めてのこともあり、うろうろと言いつけられた補助を行うが、すべてが新鮮であった。そして、それまで想像していたより、ツキノワグマは小さかった。この後、数頭の捕獲作業に参加すると共に、前述のように、電波発信機を取り付けたクマの追跡作業もさせてもらった。どの作業も面白く、シカとは違う新しい世界が垣間見えた。

アフリカ・ザンビアへ

丹沢でのシカの研究を終えると、縁があって南部アフリカのザンビアという国に仕事で赴任する機会を得た。国立公園に入り、野生動物管理のための実学的な調査を、国立公園野生動物管理局の一員として行うのだ。

赴任前は、それまでの研究経験を活かして、アフリカにはアンテロープ類というウシ科の草食動物たちのグループがいるので、そのあたりに関わるのかなと漠然と想像していた。しかし、与えられた仕事の課題は、青天の霹靂の食肉類のライオン研究であった。

ザンビアは、東アフリカのケニアやタンザニアなどと異なり、自然資源の持続的な利用を目指し、その収益を地元の村に還元することを目的とした統合型プロジェクトをいくつも推進していたのだ。その一環として、野生動物の観光サファリツアーと並行して、海外からお金持ちのサファリハンターを呼び、ライセンス制による狩猟も実施していた。

もちろん、観光サファリツアーは国立公園内、狩猟は国立公園に隣接する狩猟管理区域と呼ばれる特別なエリアで分けて実施されていた。しかし、観光ツアーを行うガイドたちからは、国立公園内の大きなタテガミを持つオスライオンたちが、狩猟管理区域に出たところをハンターに撃たれてしまい、お客さんを満足させられないとの大きな不満が出ていた。サファリハンティングガイドたちは、そんなことはないと涼しい顔だったが。そのため私に、大きなタテガミのオスを選択的に取り除くことの影響を調べよとの、指令が出たのだ。

考えてみると、ライオンを間近でしみじみ観察したこともなかったので、首都郊外にある、ひなびた動物園に行ってみた。サインに従いぶらぶら歩いてくと、まずハイエナの展示舎に行き当たった。簡単なフェンスで囲まれただけの、日本では考えられない施設で、動物との距離が極めて近い。そして驚いた。とても大きく堂々としているのだ。イメージでは、ライオンのおこぼれを狙う狡猾でもの悲しげな動物だったはずだが、そんな雰囲気は微塵もなかった。

ハイエナでこれならばと、ドキドキしながらさらに進むとライオンの展示舎があった。その時の印象は、でか過ぎるというものだった。実際、ライオンのオスの成獣は、体重が200kgを超え、これは北海道の平均的なヒグマよりも大きいのだ。

私は、大きな溜息をついてしばらくライオンたちの前で立ち尽くした。

ライオンには個性があった

しかし、実際にライオンの研究を国立公園ではじめ、2年近くに渡って四六時中彼らにまとわり付いてみると、本当に面白い動物なことに気づかされた。

すべてのライオンたちを、鼻の模様や体の傷などから、丁寧に個体識別したのだが、その1頭、1頭に個性があった。観察していて、まったく飽きなかった。ランドクルーザーで川を渡り、ブッシュをかき分け、スタックすればウインチで無理くり進み、ライオンの群れにどこまでも付きまとった。群れの中の数頭には、麻酔銃で捕獲して電波発信機も装着した。

月明かりの中、青い影となって草原を進むライオンたちは、とても優美だった。擬人的な表現はあまりしたくないが、物静かな個体、怒りっぽい個体、ニコニコしている（ように見える）個体、様々なライオンがいつも目の前にいた。そして、ある日は私の接近を許すのに、ある日は頑として拒絶するといった気分のむらもあり、そのふるまいはまるで人間のようであった。

シカに個性を見出せないとしたら、それは研究者の能力や努力に不十分なところがあるのかも知れない。しかし、私について振り返れば、個性を考える楽しさはライオンの研究を通して、初めて実感できたと言って間違いない。シカは寡黙な哲学者のように、その濡れて大きな黒い瞳でまじまじとこちらを見るばかりであったが、ライオンの瞳にはいつも喜怒哀楽があった。

奥多摩のツキノワグマ調査を始める

アフリカでの仕事を終え、日本に帰国した。次に運良く見つけた仕事は、東京都立の自然史博物館の学芸員であった。随分前から、研究の成果を一般の人々に分かりやすく伝えて、自然の保全や管理を啓発することに興味があったので、これは格好の職場であった。

東京都の博物館に職を得て考えたのは、何を研究すべきかであった。ところがほとんど思案の間もなく、東京都でツキノワグマの生息実態調査が始まるよという声が、丹沢山地でクマ調査の手伝いをさせていただいた、羽澄さんからかかった。思うのだが、いつも面白い話が絶妙のタイミングで降ってくるのはどうした訳だろう。食肉類研究の面白さにアフリカで目覚めていたので、迷うことなく飛びついた。1991年秋のことである。

その年は、奥多摩の山々をとにかく歩き回り、クマの痕跡を探した。それまで、きちんと歩いたことがなかった地域だったが、地形や環境の変化に富む上に、山のあちらこちらにずっと昔からの人々の生活の跡があって興味がそそられた。

車も入れない山中に、家や畑の跡が突然現れたり、島しょ地を除いた東京都で唯一の村である檜原《ひのはら》村など、まだ人が住む家がある地域すらあった。いまでは、ほとんどの人が鬼籍に入ってしまったが、クマを撃つ猟師にも出会えた。猟師が朴訥と語る、奥多摩での昔の生活の話は、どれも心に響くものであった。1992年からは、奥多摩町、檜原村の広い範囲にクマの生け捕り捕獲のための罠を仕掛けて、電波発信機の装着によるクマの行動追跡も開始した。

クマをもっと見たい！　知りたい！

東京にクマがいる、この事実は当時あまり都市部の人たちに知られていなかったので、博物館に勤務する利点を生かして、同時にそうした人々への普及啓発も進めてみた。この時、国内外の、動物に限らず、たくさんの自然史研究者や保全関係の人たちに出会うことができた。

残念ながら、東京都の自然史博物館は、財政見直しの中でリストラに遭い、廃館となってしまった。実は、都教育委員会の中に、新しい都立の自然史博物館建設構想があり、そのための準備室まで出来ていたのだが、最終的には優先度が下げられて頓挫してしまった。

東京都には上野に国立科学博物館があるからという話もあったらしいが、もしそれが事実なら、博物館の役割に対するとんでもない勘違いである。国立博物館と地方自治体の博物館の目指す機能や役割は大きく異なる。自治体博物館は、地元の自然誌に留意することが何よりの使命である。

そのような経緯もあり、1995年からは、新しく出来た茨城県の自然史博物館で学芸員としての勤務をスタートさせた。勤務先はいろいろ変わっているものの、自分自身としてはその度に違った人には出会えるし、目指していることがぶれている訳ではない。周りは心配してくれていたが、結構楽しかった。

２００３年からは、奥多摩に加えて、足尾・日光山地でのクマ研究もスタートさせた。冒頭で少し触れた、１９８０年代にシカの研究を進めており慣れ親しんだ地である。奥多摩での調査は継続していたものの、クマをもっと見たいという思いが募ったのだ。

奥多摩はほとんどが森林に被覆されており、だからこそクマが安定して生活できるのだが、その生き様を直接覗くことはなかなか難しい。その点、足尾山地は開放的な環境のために、じっくりクマを眺められる。そう考えてのことだった。もくろみはあたり、長時間にわたり、クマの観察が叶い、奥多摩に加え足尾も、クマの長期動態観察の拠点となった。これまた、周りの人々に助けられてのことであるが、国の研究費も獲得することが出来て、研究はプロジェクトの様相を強くして大がかりなものとなっていった。

２０１２年には、ロシア沿海州でのクマ類の調査もスタートさせた。クマ類と書いたのは、この地にはツキノワグマとヒグマが同所的に生活しており、その二つの種の関係を見ることが大きな研究テーマなためだ。この話は、章を改めて詳しくしようと思う。

〝クマの人たち〟の一員として

ここまでに述べた研究とほぼ並行して、〈日本クマネットワーク〉という団体の活動にも参加してきている。他の野生動物の研究者たちに言わせると、「ああ、〝クマの人たち〟ね…」と何となく意味深な表情で語られる人たちの集団である。私に言わせれば、これほど義理と人情に厚く、生産性に目をつぶって困難に楽しく挑戦できる人たちはいないと思うのだが。

長い前書きのようになってしまったが、本書では私のクマとの関わり、さらには〝クマの人たち〟のことについて、学術書では取り上げづらいことも含めて書いてみたい。

私たちが常日頃取り組む学術論文は、十分な量のデータを積み上げて、その再現性を確認した上で発表する。また、過去の研究による知見を振り返るときには、必ずその出典を詳細に記述するのもルールだ。冗長な表現は避け、削ぎ落とした要点だけを記述する。一方、本書にはそうした縛りはないので、一歩踏み込んだ話も書ける点で楽しみだ。

本書だけでも、十分にクマのことを知ることができるはずだが、もっとツキノワグマのことを科学的にという場合は、『日本のクマ―ヒグマとツキノワグマの生物学』（2011年、東京大学出版会）、『ツキノワグマ―すぐそこにいる野生動物』（2017年、東京大学出版会）をぜひご覧いただきたい。

なぜ私たちはクマのことがこうも気になるのだろうか。

日本ではアイヌの人たちが、ヒグマを森の中でもっとも位の高い神（キムンカムイ）として崇拝している。朝鮮半島では、神様の言いつけを守り101日間洞窟にじっとこもったクマが人間の女性に変わり、その熊人間と神様の間に生まれた男の子が、人間の始祖となったという壇君神話がある。

同様に、アメリカの先住民たちも、クマを特別な精霊として扱っている。クマを獲った際に霊を鎮める祭礼の存在や、シャーマンと呼ばれる人たちがクマの毛皮や爪を身につけ、顔や体にクマのマークを描き、さらにはクマの脂を体に塗るのはそのためだ。

クマをシンボルのひとつとしている部族もある。アメリカのカリフォルニア州とミズーリ州の州旗にはクマが描かれている。このほかにも、人間がクマの末裔であるとする伝説や、その逆の伝説も世界に広く存在する。このあたりは、ブルンナー著『熊　人類との共存の歴史』（白水社）に詳しい。

人がクマを特別に扱う理由の一つは、人間との類似性に求めることはできないだろうか。いわば、クマに対する親近感である。

変化する表情、尻尾が短く四肢のはっきりした体つき、立ち姿勢、さらにはクマが食べるものは人間の食べ物の嗜好ともよく似ている。だからこそ、映画や漫画のキャラクターになっても違和感がないのだ。「テッド」という実写とCGを組み合わせたコメディ映画があったが、主人公の

KUMA Column ①

クマの動きはひどく人間くさく、ユーモアとペーソスに満ちていた。

トラやオオカミも、昔話や伝説に登場する動物ながら、人とはかなり異形なためか、クマとの扱いには相違があるように感じる。オオカミは狡猾で油断がならない動物、トラは勇猛だが単純でだまされやすい動物といったところか。先の壇君神話では、実はクマと一緒にトラも洞窟にこもっていたのだが、トラは耐えきれなくなって途中で逃げ出してしまい、ついに人間にはなれなかったのだ。

人間に似たクマの場合は、思慮深さ、知性、個性といった部分がより強く描かれてきたのだろう。加えてあの大きな体には、他の食肉動物にはない、大らかさ、包容力を皆が感じるのではないか。こうした解釈は、クマびいきと受け止められても仕方が無いところだが。

一方でクマは、ケルト族の戦いのエンブレムとなっている。航空自衛隊の戦闘機部隊もクマをエンブレムにあしらっている。クマの力強さをイメージしたのだろうが、そうした例はあまり多くないようだ。エンブレムをすべて調べたわけではないので断言はできないが、クマに対する私たちのイメージは、好戦的な動物ということではないのだろう。

愛らしさを抱かずにはいられない動物、きっとそれがクマという動物だ。テディベアの発祥として有名な、ルーズベルト大統領の、傷つきロープにつながれたクマを撃つことを拒否した逸話も、もしそこにつながれていた動物がアメリカライオン（ピューマ）やオオカミだったら、結果は違っていたかも知れない。

世界のクマ、日本のクマ

2-1 クマは世界に8種類いる

全世界には8種のクマの仲間がいる。ホッキョクグマ、ヒグマ、アメリカクロクマ、アジアクロクマ、ナマケグマ、マレーグマ、アンデスグマ、そしてパンダである。そのほとんどは北半球に生息していて、唯一の例外は南米に生活するアンデスグマだ。（⇩31ページ　図1　世界のクマ類の分布）
世界にもっとも広く分布する種はヒグマ、もっとも生息数が多い種はアメリカクロクマになる。ヒグマは、グリズリーとも呼ばれるが、地域的な別名で同じ種である。

2000万年前、クマの祖先が登場した

クマ類の祖先の出現は、２０００万年前に遡る。当時、地上には多くの食肉類の仲間が生活

していた。そうした動物たちの間で、食べ物や生活環境を巡る競争は激しかったのだろう。ある日、その中の一つの種が、地上での生活に見切りをつけて、樹上に生活の場を移した。さらに特徴的だったのは、果実などの植物質を食物として利用しはじめたことだ。クマの祖先が、森を立体的に使い、地上性の食肉類とは別の生き方を確立した瞬間である。

その後の進化の過程で、ショートフェイスドベアや、ホッキョクグマのように再び肉食性を強くした種もいるものの、クマ科の基本は木登りで空間を立体的に使えることと、果実、花、葉などの植物を利用できることである。

ちなみにショートフェイスドベアは、かつて北米に分布したクマで、約1万年前に絶滅している。体重は1トンにもなる、巨大グマだ。四肢が長く、以前は草食獣をハンティングしていたと考えられていたが、最近の研究ではハイエナのように死肉食いが中心だったと推察されている。

ロサンゼルス郡立自然史博物館に収蔵されている、タールピット（タールの池）から発掘されたこのクマの骨を計測させてもらったことがある。粘着性のある天然のアスファルトに手足を絡めとられて死亡したのだ。ヒグマよりもどんと大きく、顎の骨も極めて頑丈だった。同じ時代に生活していたオオナマケモノなどを、骨ごとばりばり噛み砕いていた様子が想像できて、思わずタールで鈍く黒ずんだ歯の表面を指でなぞった。

ここで、誤解のないように少し説明しておきたい。本書で、〝肉食類〟と言った場合は、文字通り主に肉を食べる動物のことだ。皆さんに親しみやすいところでは、ライオン、トラ、オオカミなどが該当する。

〝食肉類〟と言った場合は広義の分類を指し、ネコ科、イヌ科、イタチ科、そしてクマ科などの、上顎と下顎に大きな上下一対の犬歯を持つグループを指す。それらの祖先は主に肉を食べていた種であったが、進化の過程で雑食性に食性をスイッチした種もいる。その代表格がクマ科である。

日本のクマは2種類、どこから来たか

日本に生活するクマは2種類、北海道にヒグマ、本州と四国にツキノワグマだ。九州のツキノワグマは、最近になって、環境省により絶滅宣言がなされた。四国のツキノワグマも極めて危機的な状態にあるのだが、これらについては項を改めて紹介したい。

日本のクマ類の系統はどうなっているのであろうか。

北海道に住むヒグマは、遺伝子分析による系統解析により、大きくは三つの系統に分けられる。更新世のどこかのタイミングで、別々に日本に入ってきている。一つはサハリンなど北方経由で北海道に渡来したもの、一つは朝鮮半島など南方から渡来して北海道にたどり着いたものだ。1万年以上前の、最終氷期の終わりごろまで、ヒグマは本州にも生活していたのだ。なお、南から本州を

通って北上したヒグマのグループの遺伝子は、モンゴルと内蒙古にまたがるゴビ砂漠にごくわずかが残るに過ぎない、ゴビヒグマ（ヒグマの亜種）と同じような型になるらしい。

本州と四国に住むツキノワグマも、系統解析で三つに分けられる。東北、関東、北陸などの東日本グループ、近畿、中国地方などの西日本グループ、紀伊半島と四国の紀伊半島・四国グループだ。九州には、西日本グループと同じタイプと、日本のどこにもみられないタイプがいたことが分かっている。

ツキノワグマはヒグマと異なり、中期更新世の頃に一度に日本に入ってきた後に、時間をかけて三つのグループに分かれていったとする説がある。なお、ツキノワグマは津軽海峡を越えて北海道に渡ったことはない。

三日月状の白い斑紋があるから「ムーン・ベア」

ヒグマは北半球の広い範囲に分布する大型のクマで、大きなオスは500kgを大きく超える。ただし北海道のヒグマは比較的小さく、300kgを超えると、これは大きいということになる。森林だけではなく、木がまばらに生えるような開放的な環境もよく利用する。

ヒグマというと、木彫りのクマのイメージからか、遡上するサケを貪っている動物のように思われる。実際は、サケが遡上して、かつヒグマが利用できる河川は北海道といえども限られており、知床半島の一部の河川で見られるだけだ。

ツキノワグマは、西アジアから極東にかけて分布する中型の森林性のクマだ。台湾や海南島などの島しょにも分布する。体重はオスで100～200kg程度、メスで50～100kg程度だ。日本のツキノワグマは、大陸産に比べて一回り小型である。アジアクロクマ、ムーン・ベア（moon bear）とも呼ばれる。ムーン・ベアは、胸部に三日月状の白い斑紋を持つことを示す名称である。〝ツキノワグマ〟は、日本だけでなく、お隣の韓国でも使われている。

少し前に、国際自然保護連合（ＩＵＣＮ）の種の保存委員会のひとつの分会である、アジアクロクマ専門家委員会で提案がなされた。ミネソタ州野生動物局職員であり、委員長のデーブ・ガーシェリス博士が、「アジアクロクマという呼び名は、この種の保全のためにいかにもインパクトがなさ過ぎる。」と前置きをして、「これからは、種の特徴を示すムーン・ベアとしよう。」と切り出したのだ。

たしかに、単にアジアクロクマだと、世界でもっとも数の多いアメリカクロクマと混同されてしまい、一般の人たちの保全の気持ちが湧き上がらない。ツキノワグマの状況をアジア全体で俯瞰すると、生息する場所が縮小して、小さな島状に孤立してしまっている国々が大半なのだ。

さらに、漢方薬としての胆嚢、料理の高級素材としての熊掌《ゆうしょう》の需要はいまだに東アジアの一部の国々で衰えず、密猟が後を絶たない。生活場所も、数も減る一方だ。デーブが、呼び方を変えて市民の注目を集めようと考えた理由はそこにある。

同じようなアプローチは、南米のメガネグマですでに取られている。こちらは逆に、身体的特徴（目の周りに白いサークル状の白い斑紋があるため、メガネグマと呼ぶ）よりも、その地域を示すことで注目を集める狙いで、アンデスグマ（Andean bear）となった。主な生活場所である、アンデス山脈からとっている。

背中丸見えで冬眠するクマ

ヒグマもツキノワグマも冬眠を行う点で、とてもユニークだ。日本の野生動物では、コウモリ類、ヤマネ、シマリスなども冬眠するが、クマほどの体の大きさで冬眠する種は他にいない。勘違いされがちなのが、冬眠は寒さを避けるためという理解だ。実際は、クマは相当寒さに強い。

日本のクマ類ではそこまでの事例は見聞したことはないが、北米のアメリカクロクマなどは、木がまばらな森の中で、ちょっとした窪みや倒木の陰に、冬の訪れとともに、ばたりと倒れこむように冬眠してしまうこともあるらしい。当然、体には雪が降り積もる。

日本のツキノワグマでも、ミズナラの木の根元にできた冬眠穴からお尻がぴょこんとはみ出ていたことがある。モミの幹が途中で折れて、空に向かってできた空洞に入って冬眠していたこともある。

これなど、まさかと思いつつ長い竿の先にＣＣＤカメラを付けて空洞を上からのぞき込んだら、ふさふさとしたクマの背中が丸見えだった。当然、上から雨や雪が入り放題なのだ。なかなか大胆な奴らである。

冬眠は、メスにとっては出産育児の大事な場でもあるので、その場合は冬眠する環境に気を使うのだろうが、その他のクマにとってはそれほど重要ではないのかも知れない。それでは、なぜ彼らは冬眠を行うのか。それは、食物のない冬を効率的に生き延びるためだ。つまり、飢えへの適応になる。

自分で動き回って食物を探さなければならない彼ら野生のクマは、動き回ることに費やすエネルギーと、その結果得られるエネルギーをいつも天秤にかけている。食物にありつけても、探すことにより多くのエネルギーを使う事態になった時に、ギブアップして冬眠を決断するのだ。

秋にドングリなどの実りが悪い年には、食物を探すことを諦めて、早々と冬眠に入るのはこうした理由による。関東の例では、通常は12月頃に冬眠に入るが、食べ物がない年には11月に早まったりする。

面白いことに、一度選んだ冬眠穴を途中で変えることもある。人工衛星で監視していると、真冬にぽーんと数キロほども動くのだ。その理由はまだ分かっていない。狩猟や山仕事の人たちによってかく乱されているのか、もしかしたらもっと大事なクマの側の理由があるのかも知れない。

驚くべきは、何十日もじっと冬眠したままの状態だったクマが、目覚めた瞬間にするすると歩けることだ。人間だったら足腰が衰えて、とてもそんなことはできない。

2　世界のクマ、日本のクマ

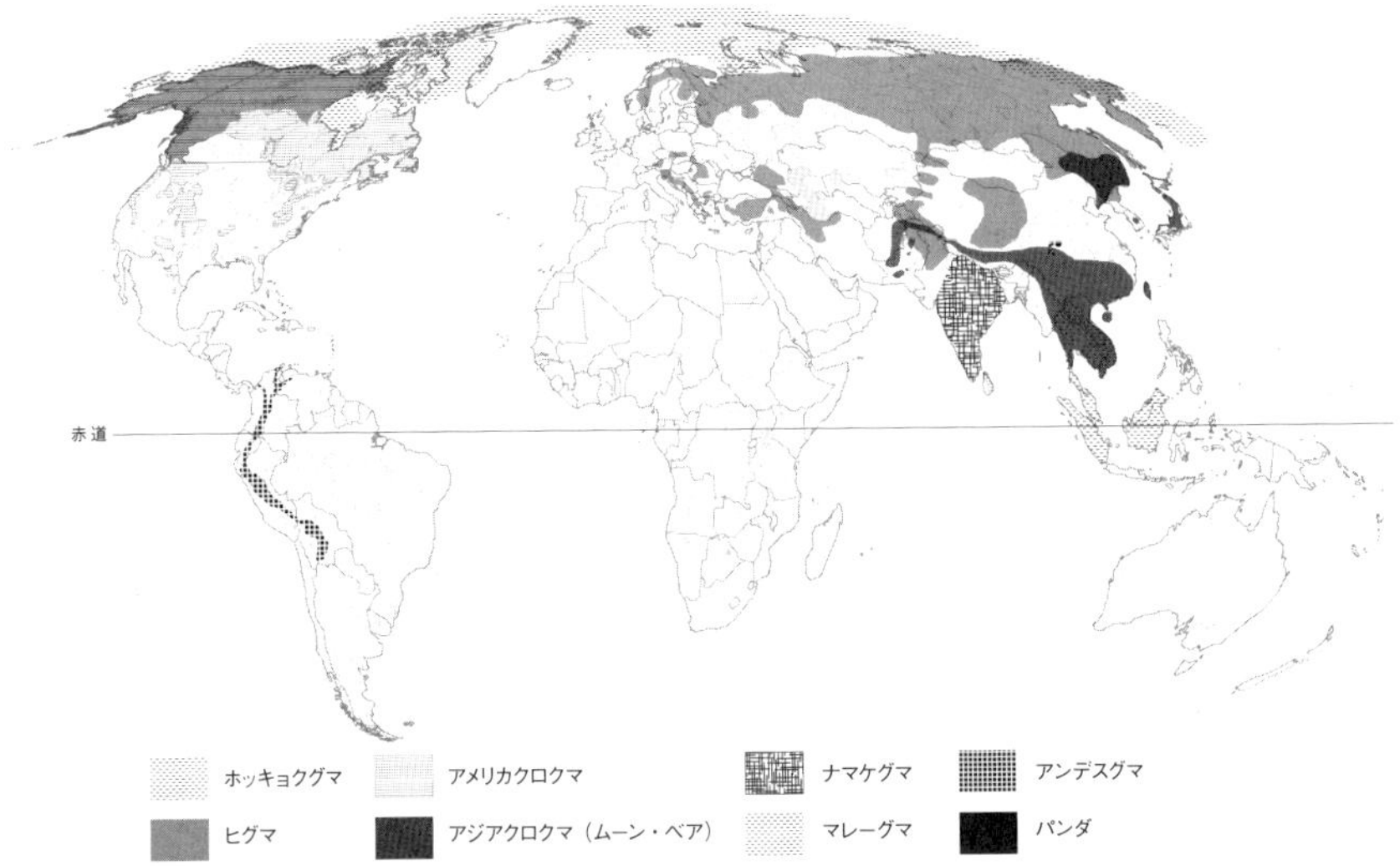

図1　世界のクマ類の分布　⇨ P.24 参照

図2　日本のクマ類の分布　灰色が 2003 年時点の分布、黒が 2013 年時点の分布を示す（日本クマネットワーク 2014 より）　⇨ P.35 参照

2-2 森のあるところ、クマがいる

釣り、登山、山菜採り、キノコ狩り、そのジャンルにかかわらず、自然の中での活動の最中は、できればクマに至近で会いたくないというのが本音だろう。

私自身は、クマを研究の対象としている立場なので、クマに我慢をしてもらうことにして、迷惑を承知で追っかけまがいのことをしている。だから、クマとの遭遇も数えきれない。

畏怖される存在としてのクマ

とはいえ、これが私の趣味としている山歩きや釣りの時であれば、少々感覚は異なる。やっぱりクマが、目の前に飛び出てこないに越したことはない。渓魚を求めて川の上流部を詰めていくような時、日本の深山幽谷の環境下では、クマはいつも以上に畏怖する存在として感じられるものだ。

釣りに格好な夕マズメ、いよいよ渓が薄暮に包まれ始めた時、あるいは竿を畳んで暗い渓を下る帰り道などは、クマの存在感がひしひしと増す。この薄暮、あるいは黎明の前後は、クマの

動きがもっとも活発になる時間帯になる。さらに、人間と同様にクマの性格も様々であり、大方は気の良い動物だと研究を通じて理解しているものの、かといって、少々粗暴な性癖のクマや機嫌の悪いクマに出会わない保証もない。

まだ10代の頃、当時の山登りや釣りの雑誌の特集に、北海道や東北の渓で、びっくりするような釣果を伴う遠征記事を度々見かけて、胸が高鳴った。ただし、クマ避けの爆竹を鳴らしたり、ホイッスルを吹きまくったりというくだりが必ずあって、その道のプロにしか許されない世界を想像させたものである。

日本のクマは何頭いるのか

近年、科学的にはまだ検証の余地を残すものの、本州のツキノワグマ、北海道のヒグマの生息数は、多くの地域で増えている可能性が指摘されている。１９７０年代終わり頃までは、クマ撃ちの猟師は奥山に分け入ってクマを探す必要があったものが、最近は前山と言われる集落の近くでも容易にクマが発見できるという話もよく聞く。この15年間ほどの間、本州で繰り返される人とクマとの壮絶な軋轢事例を振り返っても、クマが増えているらしいことが実感できる。

日本にどれくらいの数のクマ類が生息するのか、これは誰もが知りたい情報だ。保全や管理のための基礎中の基礎となるからだ。

そのため、各地で生息数の推定が試みられているが、里山周辺での捕獲数などをベースにして推定しているため、奥山の状態の把握に難しい側面が残っている。それでも、いくつかの自治体が発表している生息数の推定結果は、年毎に数が増していることを示している。

ヒグマについては、最近になって北海道庁が約1万頭という修正した推定頭数を発表した。ツキノワグマについては、なかなか信頼できる推定数がないのが現状ながら、環境省生物多様性センターが少し前に1万数千頭から3万頭程度という値を出している。

別の例もある。後で詳しく述べる秋田県K市での連続人身事故の後、秋田県ではたった2年間で1200頭以上のツキノワグマを有害捕獲している。事故の影響が、もちろんあったのだろう。この捕獲数は、当時の秋田県全域のクマ推定頭数であった1000頭を超えるものだった。

秋田県はその後、カメラトラップを用いたクマの胸部斑紋識別を用いての個体数推定を急ぎやりなおし、粗い推定ながら生息推定数を2000頭以上に上方修正している。おそらく、秋田県にかぎらず、これまでの各地でのクマの推定数には過小評価の傾向があったのだろう。

里山、街中に出没するクマが増えている

現在のところ、クマの数の増加についての全国規模での実証的データはないが、分布域が広がっていることはすでにデータで示されている。

環境省による全国レベルでの分布調査結果では、1978年と比べて、2003年にはツキノワグマ（本州・四国）で6ポイント（生息区画率が28％から34％）の、ヒグマ（北海道）でも7ポイント（同様に48％から55％）の分布域の増加が確かめられている。その後、2013年には民間団体である〈日本クマネットワーク〉によって分布の最前線の確認が改めてなされ、2003年よりもさらに分布域が広がったことが報告された。（⇩31ページ　図2 日本のクマ類の分布）

ツキノワグマを例に挙げると、長い期間にわたってツキノワグマの分布が途絶えていたものの、最近になって再出現をみている地域として、津軽半島や阿武隈山地などがある。さらに、男鹿半島、能登半島、箱根山地などの疑わしい地域も出てきている。人工衛星写真に最近のクマの確認地点を重ねてみると一目瞭然だが、まさに、「森のあるところクマあり」といった状態なのだ。

分布域の拡大と同調して、数も増えている地域が多いのだろう。ただし、留意しなくてはいけないことは、全体的に増えているという意見がある一方、奥山では数が少なく、周辺部で数が多くなっているという、分布のドーナッツ現象を主張する向きもあることだ。

いずれにしても、最近よくニュースで聞く、人里周辺や、著しい場合は市街地にクマが出没する背景には、こうしたクマの側の状況の変化がある。

これらのことは、1970年代のように奥山に入らずとも、人々が散歩やジョギングを楽しむような里山域でも、今やクマと鉢合わせをする可能性があることを教えてくれる。クマは身近な動物になっていることを、改めて肝に銘じる必要があるということだ。

出没場所も神出鬼没だ。2010年10月中旬には、富山県富山市の海岸で釣りをしていた男性が、まだ夜の明けぬ早朝に背後からツキノワグマに襲われるという、状況の理解に苦しむ事故が起きた。さらには、群馬県桐生市内や長野県長野市内といった、まさに街中を、クマが駆け抜けたりもしている。これらは極端な例だが、クマの分布の最前線は、すでに相当に人里に接近していることを伺わせる。

大阪のクマが引き起こした騒動

考えさせられた例をひとつ紹介してみよう。

本州の多くの地域と同様に、これまでクマの分布がないとされていた大阪府でもクマの出没が散見されるようになっている。2014年6月19日には、豊能町《とよの》でイノシシ用に仕掛けられた罠にクマが間違ってかかってしまった。町と大阪府では、初めての事態に大慌ての呈であった。問題は、その後の措置である。錯誤捕獲であるので、通常ならそのクマは放獣されてしかるべきである。

しかし、クマの居ないとされてきた地域だけに、行政や地域にそのためのマニュアル整備や合意形成が構築されておらず、その扱いが宙ぶらりんのまま、結論までに長い時間を要したのだ。当該グマは、狭い檻の中で（途中で少々広い檻に移されたが）、放獣されることも、安楽死措置を受けることも出来ず留め置かれた。昔、母国の政情でビザを失効し、入国も帰国も出来ずにアメリカの空港に幽閉されてしまった乗客を描いた映画があったが、まさにそんな感じである。大阪府には、連日のように動物愛護団体から度重なる抗議が寄せられたという。

9月4日には、環境農林水産部動物愛護畜産課から、「大阪府ツキノワグマ出没対応方針」が発表された。大阪府にクマが分布することは不適当として、今後出没した際は基本的には緊急対応（捕獲など）する旨が記載された。苦渋の見解ではあっただろう。方針には、錯誤捕獲でかつ周辺住民から合意などが得られた場合は、放獣を行うと記された。しかし、捕獲地点の住民からの合意が得られるとは、到底考えられない。

それでは、錯誤捕獲地点から行政界（市町村境や県境）を越えての移動放獣はどうであろう。これも現行の仕組みでは、極めて難しい。近隣の自治体だって、そんなクマを受け入れたくないのだ。膝もとの住民からも反対が出るだろう。例えは悪いが、ごみ処分場や保育園をどこにつくるかという議論に似ているかもしれない。本音を言えば、厄介なクマを、わざわざ他の地域から受け入れたくないということだ。

本来、クマを含む野生動物の管理は、行政界ごとではなく、その地域集団ごとに行われるのが望ましい。その点で、大阪府に隣接する他県への放獣の可能性などについて、ことが起こる前に算段をしておくことも今後のひとつの方向性だろう。当たり前のことだが、大阪府に限った話ではなく、他の地域でも共通の課題だ。豊能町の騒動は、翌年の4月になってようやく、お寺の中に募金によって造られた飼育舎にそのクマが移されて一応の幕引きとなった。

身近になったクマとの付き合い方を考えよう

こうした事態は、今後も各地で起こることが予想される。実は、私の住む茨城県を含む阿武隈山地でも起こっている。クマが出没しはじめたのだ。茨城県庁、福島県庁、関連市町村の担当者が集まっての情報交換会もすでに開かれている。

阿武隈山地は宮城県の南部から、福島県の浜通りを経て、茨城県北部および栃木県東部に至る広大な山塊である。1978年の環境庁（当時）による全国規模でのクマの分布調査結果では、山塊北西部のごく一部を除き、クマの分布がないとされてきた。茨城県側では、最後の確実なクマの捕獲記録は古文書（常陸物産誌）による1765年に遡り、その意味で世紀を経てのクマの再出現になる。

行政も地域住民も、クマとの付き合い方を知らないのであるから、その対応に困惑するのは当然である。その気持ちは痛いほど分かる。ただし、事実を述べれば、阿武隈の茨城県側では、1990年代中頃からぽつりぽつりとクマの情報が入り始め、2006年には大子町でクマ幼獣の交通事故死体も回収されている。騒動の芽は、しばらく前から育っていたことになる。

この子グマの遺伝解析（ハプロタイプ）の結果は、会津地方などに由来する個体であることが確認されているので、西側の栃木県からではなく、北側の福島県側から南下してきた可能性が高かった。2014年夏には、茨城と福島の県境近くの福島県塙町に出没したクマが、二度ほど養蜂場を襲い被害を与えている。2016年夏にも、今度は茨城県常陸太田市の養蜂場に出現した。

今後は、緊急時の対応マニュアルの策定と、何より分布域管理が求められる。ただし、前述の大阪府とは地域に住む人々の人口密度などが異なることから、違った視点での管理が必要である。一部の関係する人たちだけで短絡的に管理施策を決めることはせず、地元を含む十分な議論の上での意思決定を期待したいところだ。

付け加えると、これまで、阿武隈山地でもっともクマの生息情報が多い地点は、福島第一原発の炉心溶解による放射性物質汚染の高い地域とどんぴしゃりで重なっている。現在も、帰還困難地域に指定され立ち入りが制限されており、クマの生息の実態を把握することは一筋縄ではいかない地域である。

山に入る装備、教えます

研究のやり方にもいろいろなスタイルがある。野生動物研究を例にとっても、研究室の中で白衣を着て取り組む実験スタイルもあれば、地域社会に入り込んでそこに住んでいる人たちから話を聞きとるというスタイル、さらには人工衛星画像などを使ってコンピューターを駆使して解析を行うスタイルもある。

これらは常に独立している訳ではなく、一人ですべてを行う場合もあるが、私たちのクマの調査スタイルの基本はあくまでもフィールドワークである。嬉々として山に分け入り、クマ、クマの生活の痕跡、あるいはクマの利用している環境を調べていくことを真骨頂としている。

最近のクマ研究者の場合は、生きものが好きだからという明解な理由で、この世界に入ってくる人も多い。以前は、単純に山歩きが好きで、何をやって良いか分からないままに、とりあえず動物を研究テーマに選択する場合も多かったように思う。

そのためか、動物の痕跡を丁寧に観察するにはどうかと思うような速度で山をがしがし歩いたり、必要もないのに山の中に泊まって焚き火を偏愛したりする場面が多々あった。

ただしこれはクマ研究の黎明期の話で、最近は調査機材の発展や、解析手法の進歩によって、的を絞ったデータ収集が目論みられるようになっている。とにかく山を歩き回ってデータ（例えば広い山に点在するクマの生活痕跡など）を稼ごうという段階からは、随分と様変わりしている。

それではフィールドに入るときの装備はどんなものであろうか。季節によってはヌカカ、カ、アブなどが多いことと、どうしても登山道や作業道以外の藪《やぶ》に分け入ることがほとんどのために、

KUMA Column ②

長袖・長ズボン、それに長靴が一応の基本である。この上に、雨降りの日には雨具、寒冷期にはジャケットなどが加わるが、最近の新素材を使った軽量な登山装備は、消耗が激しく、藪で引き裂かれて残念な気持ちになる場合が多い。

量販作業着店の衣服や、軍の放出品などが、タフかつ廉価で一部で熱愛されている。最近私がよく入るロシアのフィールド研究者は、男性も女性もほぼ全員が迷彩柄の作業着に身を包み、さながら軍隊のようである。私も、一時は各国の迷彩パターンを揃えたりしてみた。とはいえクマに接近する際にどこまで有利かといえば、その効果のほどは不明だ。取り柄はやはり価格と丈夫さにつきる。それにしても、山用の衣類は高すぎる。

足元の定番は、スパイク長靴だ。林業用のケブラー素材のもので、とにかく頑丈だ。スパイクの有無は好みの分かれるところで、石の上などでは滑ることもあるが、ガレた斜面のトラバースや、積雪期の雪や氷には抜群だ。何より、スパイク付きの歩き方に慣れてしまっているので、手放せない。

携帯品では、地形図、方位コンパス、それに高度計が一昔前の定番だったが、最近は携帯GPSを持つことが多い。GPSの精度が向上したことに加え、地形図も内蔵されているので便利だ。紙の地形図とコンパスは今でも手放せないが、高度計は標準装備から外れて久しい。

双眼鏡も必携装備のひとつだ。これだけは、価格と品質が伴っていると考えてよい。時によって長い時間覗きつづけるものなので、暗かったり狭かったりする視界は許容できないのだ。

これまで、国内品を愛用してきて、特に不満はなかった。ところが、ロシアでの調査の際に、ドイツ製（ライカ社）の双眼鏡を覗かせてもらって愕然とした。対物レンズ径が、私の日本製よりも小さいにも関わらず、明らかにクリアなのだ。さらに、小型軽量ときた。涙が出る値段だったが、帰国して迷わず手に入れた。商売道具なのだからと言い聞かせてだ。

ナイフはあまり必要ではない。趣味の範囲として小型のシースナイフを持ち歩くこともあるが、せいぜいが飯のときにソーセージを切るくらいのものだ。藪を切り開くのに大型ナイフを使うのは猟師くらいなもので、うまく隙間を見つけて進んだ方が早い。

もっとも便利なのは、小型の十徳ナイフだ。小型のブレードはサンプルを切るときにも精密に働くし、ノコギリやハサミはもっと重宝する。いつも、バッグに放り込んでおきたいもののひとつだ。ただ、最近は銃刀法や軽犯罪法の関係で、無目的に街でうっかり携帯していると、ブレードの長さに関係なく検挙されてしまうので注意が必要だ。

KUMA Column ②

40万キロを走ってまだまだ現役のマニュアルシフト車。日本では多くの車が、機械的寿命の以前に廃車になるのは残念だ。本当は日本の林道でこの大きさは必要ない。小回りが効かず、燃費、税金、保険代、すべて悪い。落ちている石でタイヤのサイドウオールを切った際の出費も痛い。最低地上高が高い、軽トラックや軽ワゴンで十分だ。四駆も常に必要な訳ではない。でも、軽自動車での長距離の走行は、これまた辛い。

分解したクマの捕獲罠を背負って運ぶ学生たち。若者たちは決してへこたれない。奥多摩山地で。

3 クマと遭《あ》ったらどうなるか

3-1 クマと遭ったらこうなった

クマと遭ったらどうしたら良いのか、もっともよく聞かれる質問である。いくつかのティップはあるのだが、一番の肝は、「遭ってからのことを考える」のではなく、「遭わないことを考える」に尽きると思う。

まずは、遭ってしまってからの冷静な対処がいかに難しいかの、私の恥ずかしい体験をお話ししよう。いちおう弁解をしておくと、これはまだ、私がクマではなく栃木県の足尾山地でシカの研究をしていた学生の頃の話で、クマについての対処方法は、先輩から一応聞いていたという初心者トミーの時代のことである。

〝やってはいけない〟ことばかりやった

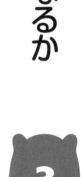

その日、シカのセンサス（個体数カウント）をしながら尾根を詰めていき、ふと対面の遠い斜面に双眼鏡を走らせると、枯れ枝とは明らかに異なる光沢の物体が視界の中に確認できた。改めて、倍率の高いスポッティング・スコープで覗いてみると、これが立派なオスジカの角で、秋の日差しを浴びて白く研がれた先端が鈍く輝いている。

背の高いススキに遮られて体全部は見渡せないものの、どうやら何かの理由でそこで死んでいるらしかった。前の日に、その場所には存在しなかった死体である。こういった場合、死体の確認と計測、できればサンプルの採取は必須作業のひとつである。そこで、センサスを終えた後、現場に向かうことにした。

オスジカは、対面の尾根近くにあり、谷に一度下ってから斜面を直登する方法もあったが、急で脆《もろ》い岩場が連続するため、かなりの遠回りながら、対面の尾根のさらに反対側に回り、そこから森林帯を伝ってオスジカを見つけた尾根上に出るルートを取った。

数時間の後、やっと尾根線に辿り着いた。澄んだ秋風で汗が引いたのを見計らって、オスジカの倒れていると覚しき地点に向かって、ススキの株が作る段々斜面を飛び降りて行った。しばらくポンポンと斜面を下ると、何と幸運なことに、オスジカからわずか数mの地点に飛び下りた。やった、と思ったその瞬間、視界の隅に、まさに私の足元に、艶やかな黒髪の人間が寝転がっているのが入った。刹那のことだったと思うが、「ああ、何でこんなところに人が寝ているんだろう」と状況を把握できないその中で、その人間はむっくりと起きあがってこちらに顔を向けた。

まだ信じられない気持ちの一方で、もう一人の私が妙に冷静に、「これはクマだ」と判断しているのが分かった。「クマに遭っても決して走って逃げるな」。先輩の言葉が脳裏に浮かんだが、その時の私の行動はまったく真逆であった。

目と鼻の先に立ち上がりつつあるクマに、体はまったく別の反応を示し、信じられないスピードでその場で回れ右をして、ススキの草原を掻き分けて、私は脱兎のごとく逃げ出したのだ。「走ってはいけない、背を向けてはいけない」。まだ頭の中に声はしていたが、私はかまわず走り続け、一瞬後を振り返った。するとクマがこちらに向かって来るではないか。

次に私の取った行動は、手近な木に登ることであった。この時も、沈着なもう一人の私が「クマも木登りが得意だよ」と呟くのだが、私の動きにためらいはなかった。太い横枝の上ににじり上がり、これで駄目ならもう最後だ、とクマの方を見下ろすと、クマは私とは反対の方向に、光る黒い毛並みを見せながらゆっくりと遠ざかっていくところであった。

気が付けば私の登った木は、鋭い棘《とげ》があるニセアカシアであり、手にはいくつもの穴が開き、しかも腕や顔はススキの葉で切れているという情けない有様であった。急激に傷みが襲ってきたのを昨日のように思い出す。

状況を再現すれば、何らかの理由で死亡したオスジカに件《くだん》のクマが餌付き、休み休み大きなご馳走を楽しんでいる現場に、私が闖入したことになる。実はこの後、私は性懲りもなくオスジカの死体を検分に行ったのだが、死体には枯れ草や土がクマによってかけられ、周りには大きなクマのフンがボタボタと落ちていた。

獲物を隠す習性はクマ類の多くで知られている。近づく動物は、人間も含めて排除されることが普通であり、そうした状況で重篤な人身事故が発生する。このクマによって土などをかけられた獲物のことを〝土饅頭《どまんじゅう》〟と北海道で呼び、決して近づいてはいけない場所とされる。

その時、私の取った行動は、再び現場に戻ったことも含め、〝やってはいけない〟行動のオンパレードであり、人身事故に発展しなかったのはまったくの偶然ともいえる。この事例は、とっさの遭遇時に冷静に行動することの難しさを教えてくれる。

クマに遭わない工夫をしよう

もうひとつ、これは東京の奥多摩山地での例である。この時は、私ではなくクマの卒業研究を行っていた男女の学生二人が、その作業中に親子連れのクマに出くわした。母グマの突進はただの威嚇だった可能性もあったが、この時は女学生が背を向けて逃げ出してしまい、後から追いつかれた母グマに太腿を噛まれるという事故になってしまった。

この場合は、2頭の幼獣を連れた母グマが、突然遭遇した人間に対して、子を守るための防衛的な攻撃（もしくは威嚇）を行ったと理解できた。学生らは、クマに遭った時の対処方法の講習ももちろん受けており、さらにクマ対策グッズ（クマ撃退用唐辛子スプレー）を持参していたにも関わらず、このような結果に至った。幸い男子学生の勇気ある機転でクマはそれ以上の攻撃を思いとどまり、また女学生は自力で下山が出来たが、いわばクマのセミプロであるクマを研究する学生であっても、とっさの際の対応は簡単ではないことが如実に示される。

普通私たちは、泥棒に闖入されてから、あるいは強盗に遭ってからどのようにふるまうべきかをあまり真摯には考えない。大事なことは、泥棒が入らないようなセキリュティの強化や、強盗の出没しそうな場を避けることへの努力だ。クマと遭ってからのことを考えるのは、あまり現実的ではないように思う。

このあたりについてさらにという方は、ぜひ『ベア・アタックス』（スティーブ・ヘレロ著・北海道大学図書刊行会）をお読みになって欲しい。邦訳版は上下2巻の大作で、値段が少々高いが、北米でのクマの事故を子細に検証して、その予防策などを懇切丁寧に解説している。

ヘレロさんは、日本にも何度も来日しており、奥さんのリンダさんと共に、特に一般の人々への、クマと人との無用な軋轢を避けるための教育普及活動を展開している。ヘレロさんが、常々主張していることは、まずはクマに遭わない工夫をすることである。

クマ避けスプレーは有効か

話のついでにクマ避けスプレーについても少し触れてみる。私たちクマの研究者も必携の装備としているもので、唐辛子の主成分であるカプサイシンを詰めたスプレーを、攻撃してくるクマに吹き付けて撃退するものである。

スプレーの成分は自然物なため、撃退されたクマに損害を負わせるものではない。最近、銘柄によっては、小さなサイズのクマには過剰防衛になる可能性が提議されている。きちんとした科学的な検証が今後の課題だろう。数社から類似した性能のものが市販されており、日本では大きな釣具店や登山店などで、一本9000円程度で購入できる。

効果についてはこれまでに実証されており、何よりクマの生息域で携帯することは、心理的な安心感をもたらす。ただし、その使用に際しては、それなりの注意と習熟が必要だ。

まず、スプレーの有効射程は数mしかなく、クマの目や鼻などの粘膜部分に向かって正確に噴出することが望ましい。噴射時間も数秒と短く、風向きに注意しないと、自分にスプレーがかかる危険をはらむ。当然ながら、常にすぐに取り出せる位置に装着（理想的にはホルスターなど）

が求められる。

クマと遭遇して、クマがブラフ※ではなく攻撃を仕掛けてきたときには、風向きに注意しながら至近まで引き寄せ、顔面を狙って効果的な噴射を浴びせる必要があるということだ。これは事前の練習なしにはなかなか難しい。クマを研究する学生は、有効期限の切れたスプレーを利用して、実際の噴射実習をしているほどである（そうであっても、前述のような事故が起きてしまったのだが…）。　※威嚇の攻撃。この場合、直前まで突進してきてUターンする場合が多い。あるいは、直前で左右に曲がってそのまま逃げていく場合もある。

（まずい！）と思ったその瞬間

こんなこともあった。奥多摩山地での出来事である。ちょっとした研究上の必要性があり、衛星首輪を装着しているメスグマの越冬穴に接近していたときのことだ。

標高1500mほどの急斜面で、クマはミズナラ大木の根元に出来た樹洞に、上半身を突っ込む形で冬眠をしていた。お尻はまる見えだ。周囲には雪が積もっている。クマの冬眠は寒さに対する適応ではなく、冬という食物欠乏期の飢餓に対する適応という話は前述した。そのため、体に雪がかかるようなところでも、冬眠している例はいくらでもある。このクマの場合もそうであった。

急斜面のため、穴にアプローチできるルートは限られており、斜面をへつるようにして、私を先頭に、後にクマスプレーを持った者、そのさらに後にカメラを構えた者が続いた。

穴まで10mほどに近づいたときであろうか、漆黒の毛並みがかすかに波打ったような気がした。嫌な予感は現実になり、まるでビロードが波打つように筋肉がうねり、ぬるりという感じでクマは反転して顔を出した。一瞬目が合い、まずいと思ったその瞬間、クマは一直線に穴から飛び出し、私めがけて走り始めた。

ここがクマの冬眠のすごいところで、何十日も寝たきり状態であっても、瞬時にして運動に移れる。人間なら筋肉が衰え、立つこともできないであろう。このメカニズムを宇宙飛行士の長期旅行に応用しようという動きもあるくらいだ。

とまれ、一列縦隊の後を振り返ると、なんと後のバックアップの面々もきびすを返して退散を企てており、道が渋滞して私は動けないことを悟った。急斜面を登ることはとてもかなわず、一瞬の判断で斜面を飛び降りた。ただ何もせずに噛まれるのは嫌だったのだ。

ところが案の定というか、斜面を飛び降りたために、私の位置は必然的に一段下がり、斜面一段上のクマと顔を突き合わせる状態に陥った。絶体絶命である。これだったら飛び降りないで体を噛まれた方が良かったと、これも一瞬のうちに考えた。

その時である。バックアップが我に返ってくれて、まさに会心のスプレー噴射がクマを捉えた。

ところがである、クマと私は顔を付き合わせる形になっていた訳だから、当然その赤い霧はたっぷりと私にもかかった。強烈な刺激に薄れゆく視界の中に、スプレーを浴びて斜面を転がり落ちるクマの姿が一瞬捉えられた。

その後、息が詰まり、目が見えなくなり、苦悶の時間を過ごしたのは言うまでもない。こればかりは体験しないと分からないが、特上のすりわさびに激痛というおまけをつけて、喉や目に放り込まれたような感じだ。

幸い、一人が持っていたペットボトルのお茶で目をすすいで、しばらくして視界は戻ったが、皮膚に付いたカプサイシンは、歩いて汗をかくと汗腺に染みこむようで、顔と頭部を中心にいつまでもジクジクと痛みが残った。その後、気を取り直して皆で別のクマの冬眠穴に向かったのだが、考えてみるとおかしな人たちである。

最後手段として、クマスプレーは有効だが、こんな話を聞いて、そうならできれば使いたくないと考えるのが正解だ。クマに遭わないように出来る限りの策を講じる、これが金科玉条であると、つくづく思う。

クマの方から気づいてもらうために

では、クマに遭わないためにはどうすべきか。長々と私の体験を語るより、この部分にもっと原稿を割いた方が良かったかもしれない。大事なことは二つだ。

ひとつはそこにクマが居るのだと想定して行動すること。もうひとつは、そこにクマが居るのなら、クマに先に私たちに気づいてもらい、クマの方にこっそり退散してもらうことである。

世間では、鈴やラジオの携行が推奨されている。これは私個人の考えなので賛同を得られなくても良いが（また賛同されて事故に遭われても困るが）、鈴やラジオはとてもうるさく、何より自然の雰囲気を壊す。特に、列をなしての登山者などが全員鈴をつけていると、放牧羊の群れでもいるのかと思うほどだ。正直、迷惑と感じているのは私だけではあるまい。

風が強い日、雨の日、地形の変曲点、そうしたクマが人に気付きにくい場面では、柏手を打つ、声を出す、そんなことでも十分だと思う。

ただし、念のために付け加えると、人間を獲物と見なして忍び寄るクマも、天文学的な確率では存在する。こうしたクマに万一遭ってしまったら、クマに人間の存在をアピールしても効果はなく、最後の場面では人間が徹底的に抵抗するしかないのであるが。

それでも、クマの生活する森や川を歩く緊張感は悪くなく、もしクマがいなくなってしまったらやっぱり寂しいと思う。クマが存在することの意味は、傘のように多様な生き物を庇護することであり、クマは日本の自然の象徴なのだ。

3-2 クマが人を攻撃するとき

スティーブ・ヘレロ博士の本『ベア・アタックス』は、北米における、主にヒグマとアメリカクロクマによる人身事故を取りまとめたものだ。当然ながら、北米以外の国々に分布するほかのクマの仲間も、人間に対する攻撃能力を持っている。

愛嬌に満ちたパンダだって、人間を襲うことがある。むしろ、あのたれ目を強調するような目の周りの黒縁が、パンダの表情を隠ぺいしてしまい、攻撃の兆候をつかめずに厄介という話がある。相手の雰囲気だけに惑わされてはいけないというセオリーは、クマにも適用される。

そうはいっても、8種のクマそれぞれの人間を攻撃する理由に多少の相違はあっても、食べるための攻撃の割合が極めて小さいことはたしかだ。

ツキノワグマの人身事故は世界一多い

日本に住むツキノワグマもヒグマも、やはり人間を攻撃する。特に、ツキノワグマによる人身事故件数は、おそらく世界でもっとも多い。2000年代に入ると、大量出没と称されるツキノワグマの人里への出没が定期的に繰り返される事態となり、最近では隔年の様相を示している。

こうなるともう、大量出没という言葉が適切なのかもわからない。クマの出没は、当然人身事故の発生件数を押し上げ、そのような年には、100人を超える人たちがツキノワグマの犬歯や爪によりけがをする。さらに、お亡くなりになる人もおり、大きな社会問題になっている。

それでも、ツキノワグマの攻撃も、人間の捕食が目的であることはまずない。ほとんどの場合は、人間を怖い、あるいは邪魔とクマが思ってしまうシチュエーションでの、クマにとっての防衛的な攻撃なのだ。

皆さんが街を歩いていて、危ない雰囲気の人を数ブロック先に見つけたとしたら、少々遠回りでもそこを避けて移動するはずだ。でも、建物の角を曲がった時に、危ない人と鉢合わせしたらどうであろうか。まして、あなたが小さな子供を連れていたとしたら。

勇気を振り絞って子供を守ったり、あるいは危ない人を突き飛ばしたりして活路を見出すのではないか。ツキノワグマの行動もそれに似る。

クマは凶暴な動物か

問題は、体重は人間と同程度でも、人と比べて圧倒的な質量の筋肉をツキノワグマが備えていることだ。ツキノワグマを解剖して、皮を剥いでみるとよく理解できるのは、特に上半身が筋肉むきむきであること、噛むための筋肉が頭頂部から下顎にかけて分厚く貼り付いていること、そして首にも頭回りほどの厚さの筋肉を蓄えている点だ。さらに、食肉類の特徴である、太く頑丈な二対の犬歯もある。

防衛のための攻撃といっても、ツキノワグマが人に向かってくれば、とても無傷では済まない。怖がらせるために書くのではないが、事実として、クマに噛まれたり、はたかれたりすれば、人間の体は大きな損傷を受けてしまう。ウェブサイトで検索をすれば、国内の医学部が発表した、ツキノワグマによる人身事故症例論文がいくつも見つかる。損傷部位の写真や、ＭＲＩ画像などは正視できないだろう。

それでもあえて繰り返せば、人間を襲って食べようとしている訳ではないので、普通、攻撃は一撃、二撃で収まる場合が多い。当面の脅威が排除できれば、クマはそれ以上そこにとどまり、執拗に攻撃を続ける理由はない。好戦的とか、凶暴といった表現は決して正しくない。

しかし、一般の人たちのクマへのイメージは、最近あまりよろしくない。

かわいいといったイメージもあるにはあるが、その大半は何とかランドの着ぐるみのキャラクターであったり、ベッドに置くぬいぐるみであったりといった擬人化されたクマに限定される。

一方で、メディアに掲載されるクマのイメージは、牙をむき、口を大きく開け、好戦的なものが多い。繰り返しそうしたイメージを目にすれば、当然クマに対する恐れが醸成されていくだろう。特に、感性の豊かな子どもであればなおさらである。ヘレロさんが、最初の頃の自著の表紙に残念な気持ちを覚えたのも（第6章を参照）、まさにそこなのだ。

まだ、私の子どもが小さいとき、イタチの一族とネズミの仲間の闘争を描いたアニメーションが再放送されていた。私自身も原作は子どもの頃に読んで好きな本のひとつながら、アニメーションに描かれるイタチの姿は大人でもけっこう怖い。特に、イタチの一族の白い体の総大将は、瞳のない目と大きく裂けた赤い口を持ち、そしていつも立ち上がっている。ネズミの視線から描かれているので、まるで巨人である。

あるとき、子どもを連れて自然豊かなある沼に遊びに行ったとき、彼は周りを見回しながら私に小声で尋ねたものである。「一応聞くけど、まさかこのあたりに、あの白いイタチはいないだろうね？」

もちろん、本当のイタチの大きさは、皆さんご存じの通りである。

ヒグマよりツキノワグマの方が事故を起こしやすい

ここまでのことは、主にツキノワグマについてであった。ヒグマの攻撃も、基本的にはツキノワグマと同様の動機付けである。

ここで、それぞれの種の事故率について、ざっくりと見てみよう。ツキノワグマの推定頭数を仮に30000頭として、最近の年間での人身事故数100件で計算すると、ツキノワグマ1頭あたりに換算した事故数は0・0034件になる。一方のヒグマを推定頭数10000頭、人身事故数3件とすると、1頭のヒグマに換算した事故数は0・0003件とツキノワグマよりも小数点が1つ低い。ただし、ツキノワグマの場合、100件の人身事故数の内、死亡に至る例は数件であるが、ヒグマの場合は半数近くが死亡事故になるという違いがある。理由は、ヒグマの方がツキノワグマに比べて、圧倒的なパワーがあるからだろう。

なぜ、ツキノワグマの方が人身事故を起こしやすいのだろうか。ひとつは、ツキノワグマとヒグマの体格の差が考えられる。ツキノワグマの場合は成獣のメスで40～50kg程度、オスで60～100kgが平均的なところである。比較してヒグマは、この1.5～2倍程度大きい。

この差が、クマが人と遭遇した際の心の余裕に違いを生むのではないだろうか。クマの攻撃の一番の動機は、人とばったり遭遇した際の自身のための防御的攻撃である。そう考えれば、人間と同程度の体重のツキノワグマと、人間よりも格段に大きいヒグマでは、攻撃を判断する閾値《しきいち》が違っても不思議ではない。

ヘレロさんは、ヒグマが人間を攻撃する時に、大きな3つの理由をあげている。一つ目はこれまでに紹介した防御的攻撃、二つ目が捕食目的での攻撃、そして興味深い最後の三つ目の理由が、人間に好奇心から近づき、それが最終的に攻撃に発展するというものだ。

おそらく、この3つの理由をツキノワグマに当てはめたとき、三つ目の好奇心はほぼないだろう（子グマは例外であるが）。好奇心で人間に近づけるヒグマは、人間に対して体格的に優位を持ち、常に心理的な余裕があるのかも知れない。

ツキノワグマは〝ドキドキ〟している

二つの種の体格差のほかに、何か理由は見いだせるだろうか。

第5章でも紹介するが、最近、ノルウェー・インランド大学の応用生態学部のクマ研究者たちと、ツキノワグマの生理研究をはじめている。クマには少し可哀想だが、胸部の皮を少し切開して、皮下に小指大のロガーを挿入している。これで、クマの心拍と体温が、約1年間測れる。

計測値を用いて、ツキノワグマの生理状態が、春の冬眠明け、夏の食物欠乏期、秋の飽食期、そして冬の冬眠期といったそれぞれの生活上のイベントでどう変化するかを、オスとメス、また亜成獣と成獣などで比べてみたいのだ。

これまでに、首輪に内蔵され、体（首輪）の傾きの程度から活動量を計測するセンサーをクマに装着してきており、そのデータとの突き合わせをしたいこともある。

残念なことに、ツキノワグマはせっかく挿入したロガーを高頻度で取り出してしまう。どのように取り出すのかは分からないが、しばらく経ってクマを再び捕まえると、ロガーがきれいさっぱり無くなっていて、傷跡も分からない。この数年で数十頭に挿入しているが、回収できたのはたった3頭からだけである。

しかし、結果はわくわくするものであった。一般に心拍は体の大きさに比例して、大きくなるほどゆっくりになる。そこで、スカンジナビア半島の、ツキノワグマと同じくらいの体重のヒグマの季節ごとの心拍数の平均値と比較してみた。

すると、ヒグマの心拍は季節を通して比較的フラットで、60~70回/分を保つのに対して、ツキノワグマは心拍の季節毎の上昇が激しく、春や夏は高くなる。特に秋は、バクバクといってよい感じで、140回/分以上まで上昇してしまう。これは相当な鼓動で、人間であれば、かなりの体への負担になる。ノルウェーの研究者たちとも、その理由についてあれこれ考えてみたがわからない。

秋に食欲亢進期に入ったツキノワグマは、高い木の上に登り続けるのでドキドキが増すのではないかとの説も飛び出した。ただ、クマは夏にもサクラの木などに登るので、うーんというところだ。

話が長くなってしまったが、ドキドキ感の高いツキノワグマは、より人間との遭遇時に神経質にふるまう可能性について考えてみたかったのだが、これは本当の仮説のまた仮説である。

先に紹介した通り、近縁のアメリカクロクマとも異なり、ツキノワグマは冬眠中もすぐに覚醒して、穴から飛び出てくる。こんなところからも、ツキノワグマは他のクマよりも神経質であったり、緊張状態にあったりすることが示されるのかも知れない。生態系の頂点に立つツキノワグマであるが、意外と心に余裕がないのだろうか。

ヒグマも同じだが、特にツキノワグマと遭遇した際に、その緊張感をさらに煽るような行動は、得策ではないだろう。

それでもクマと遭ってしまったときの対処法

クマと遭わない工夫がもっとも大事なことはすでに述べた。それでも、クマと遭ってしまったらどうしたらよいのだろうか。いくつかの想定場面から考えてみよう。

①離れた場所にクマが現れた

クマのいる方向を向いたまま、クマの動きを観察しよう。クマがそのまま立ち去ってくれればしめたものだ。ただし、立ち去った方向が自分の目指す方向であった場合は、十分な時間を置くか、前進をあきらめて引き返そう。クマがこちらに向かってくる場合は、正対したまま後ずさりをして距離をとろう。その際、ゆっくり大きく手を振るなどして、自分の存在をアピールする方法もある。

②近くにクマが現れた

心臓が喉までせり上がってくるだろう。それでも、決して背を向けて逃げ出してはいけない。逃げるものをクマは衝動的に追うのだ。クマは人間が怖くて攻撃してくるのだから、逃げるもの、すなわち自分よりも弱いと考えられるものに対しては優位に対応する。

ここが正念場と、クマと対峙したまま、後ろにステップを踏み、距離をとっていこう。間に木などをはさむと良いという考えもあるが、この際も、クマの動きを監視できるように視界は確保したい。クマは突進してくるかも知れない。それでも、焦ってはいけないのだ（出来るかどうか別として…）。突進はブラフの可能性もあるからだ。このタイミングで、クマスプレーを携帯していれば、吹きかけるのが良いだろう。

③クマが本気で攻撃してきた

スプレーを持っているのなら、目や鼻を狙って吹きかけよう。効果のほどはすでに証明済みだ。そのような装備がない場合は、2つの選択肢がある。

ひとつは地面に腹ばいになり、肘《ひじ》や組んだ手で顔面側部や首筋の急所を守り、クマの攻撃をしのぐ方法だ。通常、クマの攻撃は短時間で終わる。もうひとつは、クマに立ち向かって戦うことだ。

このような方法でクマを撃退した例もある。ただし、この方法は人間の急所である顔面や頭部に深刻な傷を負うリスクがある。子供や女性には薦められないだろう。

K市の人身事故から何を学ぶか

秋田県のK市で起こった人身事故は、その凄惨さから、この先も私たちの記憶から消えることはない。すでに様々なメディアや書籍で取り上げられているので、ここでは簡単に振り返る。

2016年初夏の、ネマガリダケの採取シーズンに、東西2.5㎞ほどのごく狭い範囲で少なくとも6件の異常なツキノワグマと人間との接近遭遇が起き、その内の4件で4名の方々が死亡した。しかも、亡くなられた方々は、全員がクマによる食害を受けたのだ。

単独で行動していて亡くなられた3件の場合は、クマとどのような遭遇をしたかは分からないままだ。これからも永遠に分からない。しかし、その他の3件の事例では、その時にクマがどのような行動をしていたかが、生還した方からの証言によりある程度は分かっている。

1例目では、ご夫婦2名で一緒に行動していて、1人が亡くなったが1人が生還した。2例目は、親子2名で行動していて、1名が軽傷を負ったが、2名とも生還している。最後の3例目では、1人で行動していてなんとか生還している。

共通することは、出現したクマが、執拗に人間につきまとい、人間の隙を狙うようなそぶりを見せたことである。3件の事例とも、手近な棒などで、まとわりつくクマの制御を試みて、2人は生還し、1人は亡くなったのだ。このクマの行動は、私たちが普通目にするクマの行動と大変異なっている。異常と言ってよい。

これまでに紹介してきたように、クマの攻撃の最大の理由は、自己の防衛である。しかし、K市で出現したクマは、比較的余裕のある態度で人間につきまとったようだ。対峙している人間の動きを見ながら、機会があれば飛びかかろうという、端的に言えば日和見的な捕食行動ではなかったのか。ただし、ここに永遠の疑問が残った。6件の遭遇時に出現したクマが単独の同一個体であったのか、あるいは複数の個体が関与していたのか、さらには加害個体と食害個体は別であったのかといった可能性だ。

あるクマの研究者は、時間をかけた現地調査の結果から、複数個体犯行説を主張している。本来であれば、こうした事故の際には、事故現場の検証の際に、ご遺体や現場に残る加害グマの体毛などを集め、遺伝プロファイルを作成して、それぞれの現場に出現したクマの特定を行うことが望ましい。犯人捜しである。ただ、この時はそのような態勢がまだ関係機関に構築されておらず、現場に現れた個体の特定はできないままとなった。

最終的には、6件目（死亡事例としては4件目）の現場で、メスの成獣が射殺されて一応の幕引きとなった。このメスの額には、棒で突かれたような白い傷が複数箇所認められていて、棒でクマを制御した3件の事例と符合する。希望的観測も含めれば、このメスの成獣がすべての現場に現れた個体で、しかも単独であったなら、犠牲は大きすぎたが解決を見たことになる。

この場合の仮説は、1件目の遭遇時は防御的な攻撃であったものが、亡くなった方を何らかの理由により食物と認識し、さらには人間を襲うことがあまり難しくないことを学んだというものだ。残念ながら、繰り返しになるが、そうした事件収束の判断はもう誰にもできないのである。

秋田県では、翌年の2017年に今度はS市の山林内でネマガリダケを採取中の方がクマに襲われて死亡している。さらに2018年にも、再びS市の山林内でネマガリダケを採取中の方がクマに襲われて死亡しており、こちらの例では食害が疑われた。

この時までに事故対応のための態勢を整えていた秋田県や関係機関の迅速な動きにより、加害個体特定のための現場に遺留されたクマ体毛の遺伝分析が試みられたが、二つの現場に共通する個体の確認はされていない。

K市での人身事故は、これからもことあるごとに、ツキノワグマの危険性について議論されるときに引き合いに出されるだろう。大正時代に北海道の苫前町三毛別《さんけべつ》で起こったヒグマによる事件が、現在でも繰り返し振り返られるのと同様だ。すでに、K市での事故を、平成の三毛別などと呼ぶ声もある。

日本のクマを追いつめる前に

ツキノワグマのイメージダウンも相当なものだ。ツキノワグマは実は繊細で臆病、好んで人を襲うことはない。ここ20〜30年ほどで徐々に浸透してきたイメージは、再び危険な猛獣といったレベルに戻った感がある。

秋田県だけではなく、本州の各地で、管理のために捕獲したツキノワグマの再放逐が難しくなっている。これまでは、自治体によって程度の差はあったものの、クマの側だけに責任がある訳ではない場合は、唐辛子スプレーを吹きかけたり爆音を鳴らしたりするなどして学習付けを行って、その場や奥山に放獣ができた。

今や、そうした措置の割合は全体の捕獲数の数%である。それはそうだ、行政の担当者が、K市の事故を引き合いに地域の方々に噛みつかれたら、たしかに説明のしようがない。それに、何かあった際の責任も取れない。

このような対応の変化は、ツキノワグマの生活する範囲が広がり、数もおそらくは増えてきている現状の中で、クマの排除地域をしっかり定めていく必要性もあって、遅かれ早かれ起こったことだろう。それでも、事故が大きなトリガーになっていることは想像に難くないし、ここ数年の本州全域でのクマの捕獲数はまさにうなぎ登りだ。このままでは、クマの将来も心配になってくる。

今回の事故に学ぶべきことは、こうした事故はもはや他人事ではなく、本州のどの地域でも起き得ることを認識すべきことだ。さらに、一度、クマを危険な害獣という位置づけに落としてしまうと、その信用回復にはまた長い時間がかかるだろうことである。

K市の事故も、最近になってツキノワグマの分布が復活した場所で起きている。K市の場合は、そうはいいながらも周辺部には歴史的にたくさんのクマがおり、マタギ集団まで存在するため、クマとの付き合い方はある意味玄人に近いだろう。一方、本州の他の地域では、100年、200年とクマが姿を消して久しい地域もあり、行政も地域住民もクマとの付き合い方が分からない。

クマを天災と一緒に扱うことが正しいか分からないが、地震や台風などと同様に、今後あちらこちらで起こり得る事態として、行政はその緊急対応システム、加えてマニュアルを整備しておくべきだ。事故自体はある確率で起こってしまうだろうが、初動をしっかりとれれば、事故の再発を最小限に抑えることもできるだろうし、その後の管理対応に地域住民からの合意を得ることも比較的スムースだろう。

ツキノワグマやヒグマが、安全でおとなしい生きものなどと言うつもりは毛頭ないが、今のままだと、彼らは狭い地域にしか生き残れなくなる可能性もある。これまでに、九州のツキノワグマの絶滅を経験し、今や四国もその後を追っていることを忘れる訳にはいかない。

3-3 あるオスグマの生涯

クマの生活を調べることは、これでなかなか一筋縄ではいかない。特にツキノワグマの場合は、落葉広葉樹の森林帯に適応して生活することに加え、日本の急峻な山岳地形も相まって、その姿を拝むことは本当に難しい。

しかも相当にシャイな性格ときているので、先に人の気配に気づいてしまえば、そそくさとその場から退散するか身を隠してしまうのが常である。

クマに遭うのは宝くじ当選なみ

これはヒグマの話だが、大雪山を利用するヒグマを遠くから研究者が観察していたところ、登山道を上がってきたハイカーに気づいたヒグマは、ハイカーのすぐ脇の茂みの中で、あの大きな体を縮めてひっそりとやり過ごしたそうである。気づかぬのは、五感（六感？）の退化した人間ばかりという構図であろうか。

そう考えれば、山で活動する人がその姿を見ることだって、本当は宝くじにあたるほど希なことであり、見方を変えれば僥倖といえるのかも知れない。

こんな特徴を持つ動物のため、クマを研究の対象とする研究者は、野生動物研究者の間では、少々ドン・キホーテ的な扱いを受ける感があることはすでに紹介した。ややもすると少し冷たい扱いを受ける場合があるようにも思う。やたら山に入って作業に時間をかけている割には、論文などのアウトプットが少なく、研究者として非生産的な部分があるからだろう。

そうはいっても、クマの生き様に迫らないことには研究ははじまらない。

そこでここでは、どうやってクマの行動を追跡しているかについて概略を述べた上で、得られた結果について、皆さんにも興味深いところを少し紹介させていただく。

ルパン三世の発信器

少し古い年齢の皆さんなら、スパイ映画などで怪しい人物を追いかける際に、相手の体にピンバッジ型やアクセサリー型の発信器をそっとくっつけて、その後はモニター画面に点滅する目印を使ってその立ち回り先を突き止めるというシーンを記憶しているのではないだろうか。私が子どもの頃よく見たアニメ、ルパン三世の中でも、そのような場面がしばしば登場してわくわくしたことを思い出す。

実のところ、それに近い追跡方法が実用化されたのはごく最近のことで、しかも運用面で課題を残している。実用例としては、携帯電話用の複数の基地局を用いて、端末からの微弱電波を受信して位置を推定する技術がある。

興信所の探偵などは、携帯電話インフラを利用して車の床下裏などに端末をマグネットで秘密裏にセットして、依頼された人物の行動を正確に追跡している。なぜこんなことを知っているのかといえば、以前にこの技術を応用してクマならぬアライグマの行動追跡をしたことがあり、その際にある筋からちょっと恐ろしいテクニックの数々を教えてもらったためだ。

とはいえ、この方法をクマにただちに適用するには問題がある。最たるものは、クマの生活する山の中には、携帯電話の通信網が整備されていないことだ。また、複数の基地局の位置関係を利用して位置推定を行うために、基地局の数がまばらだと、測位誤差がひどく大きくなる課題も挙げられる。

少し前までのクマ類の追跡方法の主流は、ビーコン式発信器をクマに首輪で装着するものであった。秋葉原で部品を調達して自作した時期もあったが、品質の安定したアメリカ製のマスプロ製品をもっとも多く使用した。クマは体が比較的大きいために、電池搭載に余裕があり、寿命は5年以上、ビーコンの到達範囲も見通しでは数㎞に及び、価格も300ドル程度と廉価であった。

しかしこのビーコン式発信器は、少なくとも3点以上の地点から、指向性のあるアンテナを用いて発信源への方位角を測定して、その交点を求めるという測量作業が必要になる。平地なら簡単かも知れないが、この作業をクマの住む急峻な山の中で行うとどうなるか。尾根を走り、谷を渡りという超人的な体力が求められる。

さらに、発信源であるクマも移動する訳で、調査する側はクマが動かないうちに素早く3地点からの測量を行わなければならない。追跡作業を24時間連続とか、複数のクマで行うことの困難さは容易に想像できるだろう。当時、ヘロヘロになりながら渇望したのは、ルパンの発信器であり、さらにはドラえもんのタケコプターであった。

ビーコン式発信器は、国内電波管理法の規制強化もあり、今では定められた電波出力と周波数帯を備えた一部の製品が利用されるのみになっている。

夢の「衛星首輪」登場

現在の主流は、ＧＰＳエンジンを内蔵した衛星首輪製品で、２０００年頃から日本国内でも実際のクマの研究に使用されるようになってきた。

最近の製品は、ＧＰＳによる位置測位結果を、人工衛星（イリジウム衛星やアルゴス衛星など）を経由して、24時間、地球全域、全天候で、インターネット経由でユーザーに転送してくれる。

最初の頃は機材も発展途上で、重量はともかく、形状が妙にかさばる製品もあり、体の大きなクマであっても正直ためらう部分もあった。その後、小型化や形状の見直しなどが行われ、安心して装着できるようになってきている。

ＧＰＳだから、位置情報の測位誤差も極めて小さい。研究室にいながら、ほぼリアルタイムで研究対象のクマの動きを把握出来る。ルパンの発信器にかなり近づいたといえる。もっとも、ビルの中などのＧＰＳ衛星を可視できない場所では動作しない（クマがビルに入ることもないが…）。

この衛星首輪は、もっと凄いことに、装着したクマの体の2軸や3軸での傾き（活動量）の計測、体温、心拍数などもオプションのロガーで記録することが可能だ。さらには、放射性物質の空中線量の計測ができる後付けオプションまである。こういった夢の道具が使えるからといって、額に汗して山に入り、クマの生き様に肉薄することを決して怠ってはいけないことは無論ながら、何しろ飛躍的な量の正確なデータを入手できることは事実である。

うまい話ばかりではなく泣き所もある。まず、価格が高い。オプションをいろいろ付けると、1台６０００ドルを超えてしまう。仮に10頭のクマに付ければ、最高グレードのランドクルーザーが買える値段になる。さらに、イリジウムなどの衛星通信料も定期的に発生する。

欧米では、こうした衛星首輪を年間数十頭のクマに付けることも珍しくないが、私たちのプロジェクトではとても無理な話である。年間せめて10頭以上の運用を目指して、研究費を確保すべく奔走し、また審査員が納得してくれるための助成金申請書づくりに腐心してはいるが、いつも首尾良くとはいかない。

もうひとつの悩ましい点は、電池寿命が短いことである。ツキノワグマ・サイズ（オスで100kg程度、メスで60kg程度）の場合、せいぜい1年間である。したがって、同一個体の継続的な追跡のためには、その個体の再捕獲作業が必要になる。現在、捕獲は蜂蜜などの誘因餌をセットした自製罠で行っているが、特定の個体を狙って捕獲することは非常に難しいのだ。

ひとつの解決策として、冬眠中のクマを急襲して穴の中で麻酔してしまう方法が考えられる。ところが、なぜかツキノワグマは容易に冬眠から覚醒してしまうので、その点に対する対応が大きな課題でまだ方策はない。

新しいクマ研究が始まった夜

衛星首輪の取り付けにはじめて成功したのは、東京都の奥多摩山地であった。アメリカ製のひどくごつい初期の製品で、購入したものの首輪を装着可能な体格のクマがなかなか捕まらず、待ちかねた装着は2年越しの２００１年（21世紀！）になってからであった。

野生動物にこうした機器を取り付ける際は、動物福祉の観点から「5％ルール」というものがある。

仮に体重100kgのクマであれば、5kgまでの衛星首輪が許容となる。また、できれば3%（3kg）以内がより望ましい。この時は、体重95kgのどっしりとしたオスグマに2kg弱の衛星首輪を7月に装着した。

なお、この当時使用した衛星首輪では、首輪内部のロガーに蓄えられた位置測位情報は、首輪を回収してパソコンにダウンロードする必要があった。首輪には無線コマンド作動式の脱落装置が付けられており、数百mの距離から首輪に専用送信機でコマンドを送り、少量の火薬を爆発させて首輪の接合部を切り離すという算段だった。

オスグマからの衛星首輪の脱落作業は、初めてということもあってかなり日数を要した。やっと成功したのは秋も深まった11月の氷雨がそぼ降る晩で、山裾に建つ民家裏のカキの木にそのオスグマが現れたときであった。

その日は大学院生のK君らと一緒であった。場所が場所だけに、別に悪いことをしている訳ではないのだが、集落の人たちに無用な騒動を与えたくなかったので、暗闇と雨音に乗じて現場に接近して機会を伺った。地元車のヘッドライトの光芒が近づいた時には、思わず木の陰に隠れてやり過ごした。

複雑な首輪との交信手順を経て、コマンドを送ること数度、鈍く小さな爆発音に続き、ばきばきと木が折れる音を聞く。雨と暗闇のため、クマの姿は見えないが、首元での爆発に驚いたクマが、慌てて木から滑り落ちたのだろう。K君としっかり握手をして、小さく快哉を叫ぶ。

この気配に民家の犬がわんわん鳴き始め、家人の懐中電灯の光が戸口から見えたため、急ぎその場から退散した。暗闇の中での脱落した首輪の回収作業は危険が伴うこともあり、翌朝の夜明け時に行った。

この初めての衛星首輪は、結果から言うと約4ヶ月の短期間の試験データの採取であり、GPSの測位成功率も様々な理由から14パーセントと極めて低いものであった。しかし、それまでのビーコン式首輪とは異なり、オスグマの行動の軌跡を、断片的ながらも線で読み取ることができ、新しいクマ研究の予感に満ちあふれていた。その後の10数年で、衛星首輪を数十頭のクマに装着することになるのだが、まさにその嚆矢《こうし》といえた。

ある足尾のオスグマ

ツキノワグマの分布域に拡大傾向が認められ、私たちにとって身近な動物になりつつあることはすでに述べた。2004年以降では、ほぼ隔年周期で、各地で大量出没と言われる現象が起きている。私たちの調査地になっている日光・足尾地区でも傾向は同様である。

ここでは、2010年の秋に、クマの脂肪蓄積に大切なドングリが広範囲で凶作となった結果、

1頭のオスグマの生活に変化が生じた例を再現してみよう。

このクマ（ＭＢ69）は、２００５年に学術捕獲をされて以降、２００６年、２００７年、２０１０年と複数の年に渡って衛星首輪によってその生活を追跡された。

２００５年時点での年齢は12歳、体重108kgの偉丈夫で、惚れ惚れするような気品を持つクマであった。外見に違わず実力も秀逸で、調査地に生活するクマたちの遺伝子解析の結果では、ＭＢ69は多くのメスたちと交尾を行い、他のオスグマを圧倒的に凌駕する数の子孫を残したことが判明している。

衛星首輪による追跡結果でも、標高１２００m付近の山の中に安定して生活を構えていた。まさに、彼の絶頂期で、怖いものなど何もなく、山はすべて彼のものであっただろう。

しかし、数年の時を経て、２０１０年8月に学術捕獲された17歳の彼の容貌は著しく変化した（ツキノワグマは、20歳が人間の80歳くらいの見当になる）。

食物が少ない夏ということを差し引いても、体重は81kgに減少しており、何より体全体を隠しようのない老いが覆っていた。皮膚はだるだるとたるみ、毛並みもぱさついて艶が無く、しかも薄くなっていた。あまつさえ、皮膚にはかさぶた状の荒れも目立った。行く末を心配しつつ、新しい衛星首輪を装着して放逐した。

残念ながら、ＭＢ69に付けた衛星首輪は、首輪を回収しないとＧＰＳ測位情報が見られない旧型のものであったため、次に彼の情報が入ってきたのは思いがけない場所からであった。

養魚場の甘く危険な香り

そこは、国道に隣接する標高800ｍほどのマス類の養魚場で、9月に入り連日のようにクマが出没して、マスの死体、養魚ペレット、そして庭先に飼われている犬のドッグフードを貪っているという。どうも夜間に出ているようで、日に日に行動はエスカレートして、養魚場オーナーのビデオカメラにその首輪をした姿をきっちり収められていた。

養魚場にはクマ避けの電気柵が四方に張り巡らされてはいたが、地形的に抜け穴があり、そこから侵入してくる様子であった。最近、各地で行われている学習付け（唐辛子スプレーを吹き付けるなどしてクマに嫌な思い出を教える。あまり楽しい仕事ではないが）後の奥山放獣も、関係する機関の間で検討されたが、放獣先に折り合いが付かず、クマが執着しているペレットなどの管理を徹底することで様子を見ることとなった。

しかし、願い空しく、ついには倉庫の壁や母屋の玄関を壊して侵入する事態となり、市により有害捕獲オリが設置される運びとなってしまった。

9月中旬に一度罠にかかった彼は、何ということか、殺処分隊員が駆けつける寸前に必死の抵抗により罠から逃亡を成功させた。普通ならこれに懲りて行動を変えると思いたいところだが、同じ月の28日未明に再び罠にかかり、今度は運命から逃れることは出来ず生涯を閉じた。その時、体重をわずか約50日間で30％も増加させ、105kgに達していた。体力が下り坂のMB69にとって、この養魚場がいかにカロリーに富む食物を提供していたかが示唆された。

彼の死後に、衛星首輪に記録されたデータを読み出してみると、いくつもの興味深い行動が読み取れた。

それまで生活を謳歌した山を9月に下り、この養魚場を発見するや、その後一日たりともその場所から離れなくなったのだ。養魚場の半径200〜400mにべったり張り付いて生活を続けたことをGPSの軌跡が示した。一度罠に捕まって、命からがら逃げおおせた後でさえもであった。

さらに、首輪に内蔵された活動量を計測するセンサーの値からは、通常のクマの行動パターンは黎明薄暮に活発に動く昼行性が基本であるにもかかわらず、夜行性に行動を変化させたことも分かった。

擬人化は良くないが、盗人の心理のようでもあった。後ろめたさと怖さの中で、それでも潤沢な食物の魅力に抗えずに、闇にまぎれてこっそり活動していたのだ。ドングリの実りが悪かったこの年の秋に、盛期をすぎた彼は、甘く危険なトラップにかかってしまった。

衛星首輪はいろいろなことを教えてくれる。だからといって、そうした情報がクマの保全にすぐに役立つとは限らないことを痛感させられたのが、この時の一件であった。

クマも人間と同じである。一度覚えた蜜の味を忘れることは難しい。対処療法ではなく、予防がいかに肝心かを示唆してくれる。ルパンの発信機を手に入れても、悩みは尽きない。

現在私たちが使用しているドイツ製の衛星通信型 GPS 首輪。調査者が任意のタイミングで首輪脱落装置を用いて切り離すが、あらかじめセットした期限でタイマー切り離しのバックアップ機能も付いている。

クマに名前をつけないわけ

シカを研究していた学生時代、指導の古林賢恒先生が常々言っていたのは、研究の対象動物に名前はつけないということだった。

当時はカモシカの研究が今より相当盛んで、顔の模様や角の形状などを利用した個体識別が各地で進められ、たくさんの愛称がつけられていた。けれども、愛称をつけると、研究対象を擬人化した目で見てしまう、どうしても私たちヒトのスケールを当ててしまうことも起こる。

今では、愛称をつけたとしても、客観的に動物を見ることができると思うのだが、その時は確かにそうだなと妙に納得していたのだ。もっとも、古林先生の本意は、動物に名前をつけて追いかけることが、きっと小っ恥ずかしかったのだろう。それは、自分自身も感じているところだから共感できる。

私たちのクマの研究でも、クマに名前をつけることはしない。単純にＩＤを割り振っていく。普通は四桁のアルファベットと数字で表す。奥多摩のメスで1番目に捕まった個体なら、Okutama Female #01 の頭を取って、ＯＦ01となる。足尾の90番目のオスなら、Ashio Male #90 だからＡＭ90だ。足尾はすでに100頭近くの個体識別をしているので、じきに五桁のＩＤになるだろう。

ここまで個体が増えてくると、正直誰が誰だか分からなくなる。学生は抜群の記憶力を持つので、昨日はどこそこにＡＦ07がいましたなどと報告してくれるが、どんなクマだったか思い出せないこともしょっちゅうだ。昨日名刺を交換した人の名前すら不確かなのだから、いたしかたない。

よく再捕獲されるクマ、印象に残るクマについては、何となくの愛称がつくことはある。

奥多摩の三頭山で研究の最初の頃に捕獲された大きなオスグマは、鉄製のドラム缶罠を壊す勢いで暴れ回り、〝王様〟と呼ばれた。あちらこちら動き回るので、〝寅次郎〟という名の壮齢のオスグマもいた。

足尾では、体毛が薄くまばらになり、皮膚もたるみ、全体にくたびれたオスグマは〝爺さん〟、同じ年に何度も罠に入り私たちを手こずらせた若いオスグマは〝馬鹿〟などである。馬鹿とはちょっとひどい呼び方だったが、いくらロケット花火を打ち込んだり、少々クマスプレーを浴びせたりしても、きょとんとするばかりで、何の学習もしない愛嬌のあるクマだった。

ただし、こうした愛称がつくクマは本当の一握りである。

他のクマの調査地では、名前を結構つけている。教員の名前だったり、学生の名前だったり、はたまた俳優の名前だったり様々だ。しかし悲しいのは、せっかく名前をつけたクマたちが、あっさり死んでしまうことがあることだ。畑に居着く、人家近くに出るなどで、有害捕獲されてしまうのだ。

そのクマのことも本当に残念だし、さらには名前を貸した人まで不運が及びそうで、やりきれない。間違っても、自分の子どもの名前などつけてはいけない。天命をまっとうしてくれるクマがこの先増えるのなら、再考の余地ありだが。

私たちの調査地では、きっとこの先もクマに名前はつけないだろう。

野生動物の研究をしていると、時としてやるせない結末に遭うことがある。その昔、アフリカでライオンを研究していたときもそうだった。何日も苦労して、やっと首にかかった密猟者のワイヤー罠を取り除いた若いオスライオンが属する、小さなプライド（群れ）がいた。何の拍子か村人を襲うようになってしまい、最後は自分の手で追い詰めて、レンジャーに撃たせる羽目になったことがある（この時の話は、児童文学賞を受賞した後に出版された）。

クマでも当然こうしたことが往々にして起きる。年老いたオスグマＭＢ69のことは第３章に書いた。でも、彼だけではない。何頭もそんなクマがいる。

足尾に生きたメスの成獣ＦＢ70は、ある意味もっとも私たちの思い入れの深いクマだ。足尾で研究をはじめたその翌年、２００４年に捕まえた記念すべきクマの一頭で、ＩＤのつけ方も他のクマとは違う（Female Blue Tag #70 の略だ）。当時、体重40kg、８歳の壮齢個体で、その後何年にもわたり行動を追跡した。その間には、出産もして、子どもたちと一緒のところを、随分と迷惑だろうなと思いつつ、ビデオカメラ片手にしつこくついて回ったこともある。

木の太い横枝の上で、だらりと手足を下げて眠る様子を観察しながら、こちらもうとうとまどろんだ夏の昼下がりもある。秋の堅果の実りが悪い年には、お隣の片品村まで一気に移動するなど、メスなのに行動力のあるクマだったので、より一層記憶が鮮明なのだ。

終わりはあっけなくやってきた。群馬県の知り合いの研究者から、群馬県Ｎ市の養魚場で、タグ付きのクマが駆除されたが心当たりは、との連絡が入った。悪い予感が走る。タグの写真を

KUMA Column ④

確かめたところ、果たしてFB70だった。撃たれたのは、2016年秋のことで、FB70はすでに20歳になっていた。20歳というのはクマの世界では最高齢に近く、人間でいえば80歳を超えている頃だ。私たちがFB70を捕まえたのは2010年が最後で、その後は自動撮影カメラに時々写ってはいたものの、行動はほとんど分からなくなっていた。

晩年、FB70は何をしていたのだろうか。足尾と件の養魚場は直線距離で20㎞ほども離れている。どのくらい正確かは分からないが、駆除時の推定体重は70kgということなので、養魚場のペレットや死魚に依存していたのかも知れない。戻ってきたのは、耳に付けられていたプラスティックの標識と体毛など一部のサンプルだけであった。標識は色褪せ、プリントされた番号はかろうじて読める程度になっていて、時間の流れがにじんだ。

同じように残念な死を遂げたクマを題材とした話は、他のいくつかの調査地域で市民向けの教育活動の一環として利用されている。長野県の軽井沢町では、不用意に置かれた別荘地の残飯に餌付いた結果駆除された、スポットという名のクマがおり、その一生が語られている。その名を付したカフェテリアも開店している。北海道の知床では、心ない観光客が与えた食物がきっかけで人慣れしてしまい、最後には駆除されたクマの物語が、実際の話を題材にして絵本になって出版されている。名前はヌプとカナという兄弟グマだ。

いつか、私たちの調査地のクマの話を教材とするときには、IDではなく名前をつけてあげたいとも思う。それは、戒名と言うべきものになるだろう。

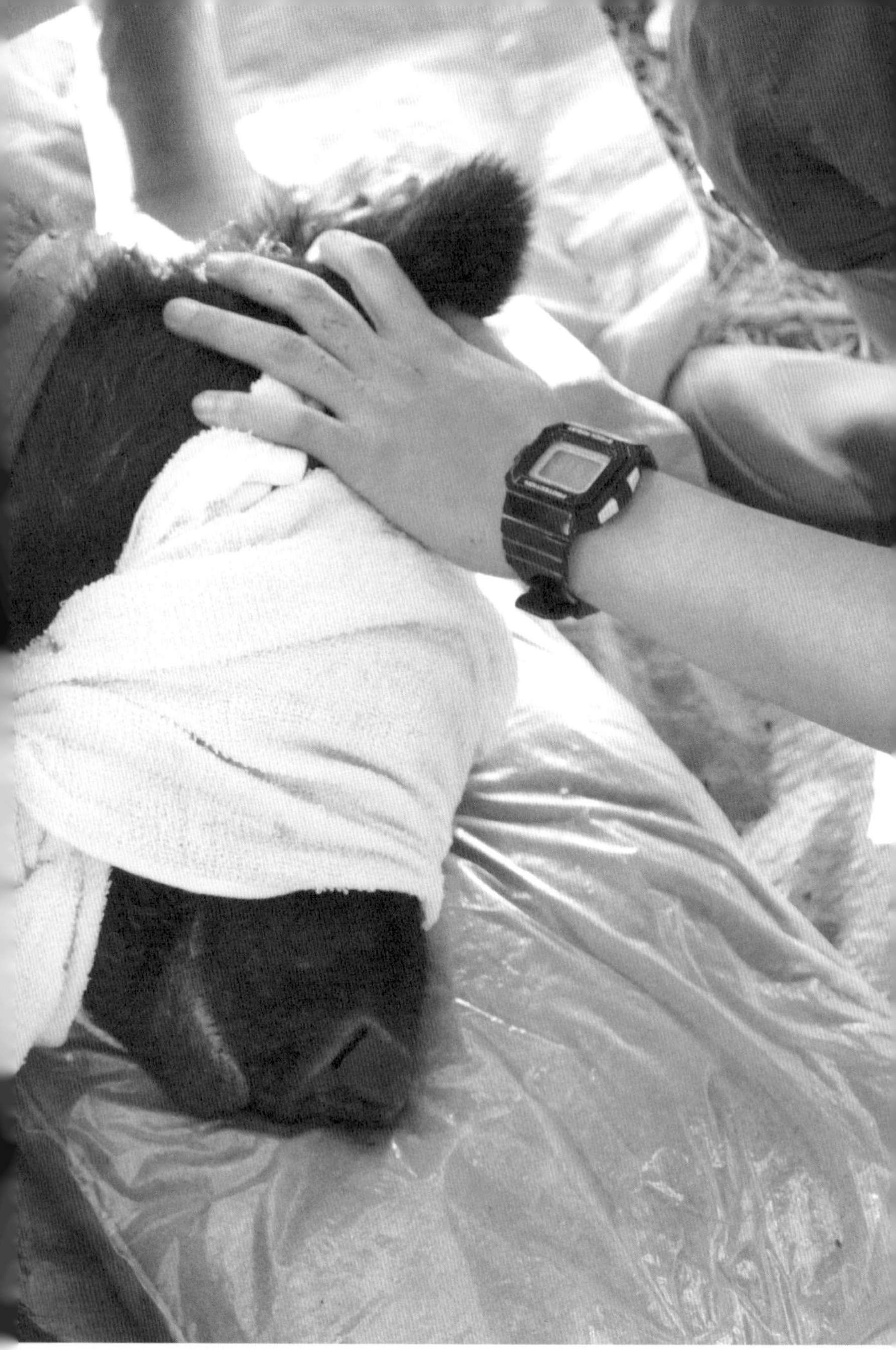

足尾山地で麻酔不動化されたツキノワグマ。タオルで目隠しが、私たちのやり方だ。

4

クマを追いかけどこまでも

4-1 東京にもクマがいる

意外と知られていない事実として、東京都内にもクマは生息している。さすがに23区内ではなく、奥多摩地区と呼ばれる地域である。都心に至近では、裏高尾の小仏トンネルあたりまではクマの通常の生息域に含まれる。ミシュラン・ガイドに記載され、大賑わいのあの山のすぐ北側だ。

高尾山を歩くクマ

この高尾山、1940年代後半にはクマの捕獲記録が新聞記事に残っているほか、2006年12月6日にはハイカーで賑わう4号観察路の吊り橋付近で目撃されている。その後も、現在に至るまで、八王子市内の各所でぽつぽつと目撃がある。疑わしい点も残るが、最近は国道20号の南側でも目撃報告がある。

生息の中心域は、奥多摩湖（小河内ダム）周辺の檜原村、奥多摩町の一帯である。奥多摩町から お隣山梨県の丹波山村にかけての一部の山域は、東京都の水源涵養林に指定され、豊かな森林、すなわち大径の広葉樹林を見ることができる。その他の場所が、かなり広範にスギやヒノキの人工林に転換されていることと対照的だ。

この奥多摩の森は、人によって強度に利用されてきた歴史がある。

今ここに、1947年当時の奥多摩の石尾根から雲取山に至る山域を撮影した空中写真がある。太平洋戦争終結後間もなく、進駐した米軍が軍用機を飛ばして、日本全土をあまねく撮影した写真の一部である。

写真を、ステレオスコープと呼ばれる古びた機材で覗いてみると、風景を立体視することができる。驚くことに、山の大部分は白く光っている。焼き畑、薪炭林として森林を広範に伐採したためであり、集落の周りは一面の開放的環境であったことが容易に確認できる。

奥多摩地区には、ザスやザシといった名称が残るが（赤指《あかざす》尾根など）、焼き畑（奥多摩の場合は〝切畑〟と呼ぶ）を行った場所を指している。古文書には、1688年（寛文8年）に小河内で行われた検地で、当時すでに耕地に占める切畑の割合が極めて高かったことも記されている。

つまり、1600年代から1900年代前半にかけての長い期間、奥多摩の山々は人々の生活のために広く利用されていたのだろう。そう考えれば、奥多摩のいわゆる中山間《ちゅうさんかん》地域（里山）にクマ、シカ、サルなどが生息できる空間は少なかったはずだ。

現在は、こうした場所のほとんどは広葉樹の二次林やスギ・ヒノキ林になっており、クマをはじめとした動物の生息環境に復元している。

このような環境の変化が、昨今のクマと人との生活空間の距離を縮め、クマの分布域の拡大と軋轢の増加の背景として存在する。調査で奥多摩の山を歩くと、車道もない山奥に突如として石垣や朽ちた廃屋、馬頭観音などが出現して驚くことがある。当時の人々の暮らしや、物資の往来が長い時を経て蘇り、しばし感慨にふける。

つるつるだった山肌

繰り返しになるが、近世の1600年年代に、すでに奥多摩では焼き畑が一般的に見られた（山域に占める耕地面積は不明だが）。さらには、奥多摩の広大な森林は、武蔵国府の所領である杣山《そまやま》（杣保《そまのほ》）として、山林資源供給の場として利用された歴史的経緯もある。杣保という言葉の文献への初出は1354年（文和3年）で、その時代にはすでに山林が管理されていたとも想像できる。

これらを整理すると、数百年の単位で、奥多摩の森には手が加えられ、戦後に戦災からの国を挙げての復興の中で行われたスギやヒノキの拡大造林期が終焉する1960年代頃までは、クマなどの森林性の大型獣の生息には適さない場所だった可能性が高い。このことは、戦後、米軍によって撮影された山の状況と一致する。

こうした山地の人間による強度の利用は、奥多摩だけではなく、日本の多くの地域、特に西日本で広く認められている（東北、北陸などの積雪地帯はまた様相が異なる点があるので今後の精査が必要だ）。近世の絵図に描かれる山並みには、ほとんど木立が存在しない例が多い事実が指摘されている（詳しくは京都精華大学の小椋純一さんの一連の著作をぜひ参考に）。

思い返せば、学生の頃、暇つぶしにぶらりと入った町のひなびた郷土資料館には、決まって水墨の風景絵図がかけられていて、山肌にはマツの木らしきものが点在するほか何もない様を、不思議を持って眺めていた。昔の絵師はデフォルメが好きなのだと考えていたが、実のところは森が人々に強度に利用されていた様子をリアルに写し取っていたのだ。

近世の奥多摩の森の様子は、1800年代初めに描かれた新編武蔵風土記稿に見ることができる。たくさんの枚数の絵図があるが、今の奥多摩町留浦、青梅市武蔵御岳山、八王子市小仏、どの場所を見ても山肌は見事につるつるである。木はマツやモミとおぼしき尾根筋の黒木を除きほとんど存在しない。

妙にリアルなのは、御岳山では山頂付近の御岳神社のあたりだけ、黒木がこんもりと残っていることだ。御岳山は山岳信仰の霊場として、その起源を紀元前に遡る場所なので、ここだけは森が大切に保存されてきたのだろう。中腹以下は、他の地域と同様に山肌がむき出しになっている。

クマの分布をどこまで認めるか

奥多摩でクマが再びあちらこちらに姿を現し始めるのは、1970年代に入ってからのことだ。森の強度の利用がようやく終焉を迎え、開けていた山の斜面には広葉樹の二次林が復活をはじめ、家々の軒下に迫るようになった。別章に記した、東京のクマ撃ちたちがもっとも活気を得たのもこの頃であったろう。

当時の都内版の新聞記事にクマ猟の様子を眺めてみると、「大グマを退治」とか「親子グマを仕留める」といった見出しが躍る。集落周辺での森の復活と共に、クマをはじめとした大型獣たちが生息域を押し戻してくるまさにその渦中の話だったのだ。今では違和感を覚える記事の見出しながら、当時の状況を正確に伝えていたのだ。

こうしたクマなど大型動物が暮らす森の状況の変化は、なぜクマたちがここまで私たちの生活圏に近づいてきたかという疑問への、ひとつの回答になろう。

この章では詳しく掘り下げないが、火急の課題は、こうしたクマをはじめとする大型獣の分布域を今後どう管理していくかを、真剣に考える時期だということだ。その際には、分布域の最前線をどこまで許容するかも検討しなくてはならない。

ある統計予測によると、日本の人口は、現在の1億3000万人弱から、2060年には9000万人を割り込む。これは、日本の1950年代後半頃の人口に戻ることを意味する。私は残念ながらその現場に立ち会うことは出来ないが、当然、中山間地域での過疎・高齢化はさらに加速しているだろう。こんなところにクマが、という話はもはや当たり前の話になっていそうだ。

よく考えてみれば、人間が日本に渡ってきたのは数万年前、人が山を強度に利用したのはたかだか最近の数百年間、一方ツキノワグマが大陸から地峡伝いに日本に入ってきたのは今から30～50万年前の中期更新世だ。時間のスケールがまったく違うという事実もある。

だとすれば、クマの分布域を押し戻すだけの管理ではなく、クマに譲る場所も検討してよいのかも知れない。

4-2 九州のクマに遭いたくて

3年越しの努力も実らず、結局クマに遭うことは叶わなかったという少し切ない話をしたい。舞台は、九州の祖母傾《そぼかたむき》山系になる。九州で山歩きを楽しんでいる人の中には、九州にはクマがいないので、その点安心できるとお考えの方もいるであろう。けれど、かつては九州にもツキノワグマが生息しており、今でも生息していると信じて根気強く探し続けている方々もいらっしゃる。ツキノワグマという種が日本に渡来した歴史を遡れば、九州という地域はまさに彼らが最初にその第一歩を印した記念すべき場所といえる。

クマの捕獲数は激減した

日本全国から得られたクマの遺伝情報を用いた研究結果では、日本にツキノワグマが入ってきたのは30~50万年前の氷期の最中とされる。朝鮮半島と日本が九州のあたりで地峡によりつながり、他の多くの動物たちと一緒に入ってきたことが想像されている。

今では絶滅してしまったが、トラやヒグマの一部のグループ（北から渡来したグループもあった）

も同じルートで日本に入り、しばらくの間は本州を闊歩していたことが分かっている。さながら、アルセーニエフが著した『デルスウ・ウザーラ』に描かれる、現在のロシア沿海州のような動物相だったのだ。

日本の本州には世界でも稀有な個体数のツキノワグマ集団が残るものの、四国では絶滅寸前に追いやられ、この項の話の舞台である九州は、近世〜近代にかけてのかなり早い時期にすでに危機的な状況にあったと考えられている。

四国については、クマが有名林業地のスギやヒノキの植林木に剥皮被害を起こすために、当時普及し始めた田中式クマ檻により害獣として過剰に奨励捕獲され、現在の危機的状況を招いた経緯が記録からある程度は辿れる。

一方、九州では、昭和初期にはすでにクマの生息域は限定的となり、生息数も少なくなっていた点で異なる。つまり、姿を消していく経緯や理由が、四国以上にあまりよく分かっていないのが実情なのだ。

霧の中にある九州のクマの記録を網羅的に初めてまとめたのは、九州出身の著名な登山家であった加藤数功《かずなり》氏（１９０２年〜１９６９年）である。１９５８年に祖母傾自然公園資料の中に、大分県文化財専門委員の肩書きで「祖母傾山郡に於ける熊の過去帳とかもしか」と題して発表した。古文書などを丁寧にあたった労作である。

過去帳には、江戸期から昭和初期にいたるクマの捕獲記録37件（50頭）がまとめられた。情報がまばらで、また精度に曖昧さが残る江戸時代（3頭）をとりあえず除くと、明治時代の27頭をピークに、大正、昭和と捕獲数は激減していく様子が読み取れる。

記録では、最後の捕獲は1941年12月に宮崎県側の笠松山シャクナン尾根で、当時の岩戸村猟友会が巻き狩りで捕獲したオス成獣（推定35貫＝133kg）となっている。今から70年以上前に遡る古い記録である。余談であるが、まさにこの同じ月に大日本帝国海軍による真珠湾攻撃が行われ、太平洋戦争が勃発している。

加藤氏による捕獲記録以降のクマの確実な確認は、1957年2月1日に傾山山麓見立地区の水無川橋付近で発見された幼獣の腐乱死体があるだけである。この時代にクマを研究対象とした研究者はおらず、またクマの標本を収蔵する自然史博物館も存在しなかったのはもちろんである。そのため、近代にかけて捕獲された九州のクマの標本はほとんど残存しておらず、当時の様子を再現することを困難にしている。

大分のクマはどこから来たか

こうした状況下、1987年11月24日に、大分県豊後大野市の緒方町（旧大野郡緒方町）の祖母傾山山系の笠松山中腹で、オス成獣（74・5kg、推定3歳）がイノシシ猟の最中に偶然捕獲された。46年ぶりの捕獲に地元や報道はわき立ち、環境庁（当時）の委託により、九州大学理学部の土肥昭夫先生を団長とする緊急調査チームが入山して広範な現地での痕跡調査を行った。報告書は1989年に発行されたが、残念ながらこの調査では、傾山の北東斜面に古い爪痕がミズメの樹皮に見つかったにとどまった。

ちなみにこの調査には、私自身も学生の身分でアルバイトとして参加した（当時の私の研究対象はシカであったので、今考えると不思議な巡り合わせである）。飛行機に乗ることができて、しかも旨い酒が飲めると誘われて、ほいほい同行した記憶がある。

しかし正直に告白すると、安物の雨具で氷雨に打たれ、宿の冷たく湿った短い夜具から足がはみ出るという状況もあり、何としたことか40度近い高熱を出して途中で強制送還されるという不名誉な事態となった。

間の悪いことに、随行した報道班が初日に私を取材した調査風景をくり返しニュースに流したために、しばらくの間は、〝すぐにリタイアしたのにテレビに出た男〟として、酒の肴にされたのは言うまでもない。名誉のために述べると、その後熱を出したことは、アフリカでマラリアに罹った時を除き皆無なのだけれど…。

脱線したが、この捕獲個体の出自については、本当に九州産であるかについて、歯の磨滅状態、消化器官内の細菌、胃内容物などから長らく議論がなされた。最終的に、2010年に大西尚樹・安河内彦輝の両氏により発表された遺伝子分析の結果、この個体の遺伝子形質は、福井県嶺北地域から岐阜県西部にのみ局地的に分布しているグループと一致することが示され、議論に一応の終止符が打たれた。

それは、本州から九州に持ち込まれた個体か、あるいは持ち込まれたメスグマの子孫であったという理解だった。

この解釈については、九州でクマを飼育していたどこかの施設からの脱走個体という可能性がまず考えられる。もうひとつとして、少々乱暴な仮説を示すことをお許し願うと、本州産のツキノワグマを朝鮮半島に生きたまま持ち出す人たちがいたという噂があるのだ。

韓国ではすでに野生のツキノワグマが絶滅状態にあり（現在はロシアや北朝鮮から遺伝的に近い亜種の補強〈もしくは再導入〉を進めている。後述）、その原因として日本の統治時代の過剰な捕獲、その後の朝鮮戦争、さらには韓国の人たち自身による密猟などが挙げられている。神話によれば、韓民族の母親はクマとされていて、特別な存在であるクマの肉や胆嚢などの利用は韓国国民から大きな需要を得ているのだ。

韓国の哺乳類研究者である韓尚勲博士によれば、韓国では1980年代に日本などアジア各国からツキノワグマを輸入して繁殖させる事業が始まり、その当時の5年間に約500頭のクマが韓国各地に分散して輸入された（2006年にはこうした輸入は法により禁止された）。輸出元の日本では、一攫千金を狙うその筋の人たちも絡んで、九州〜釜山経由で、本州産のクマが送り出されたらしい。何らかの理由で、そうしたクマの一部が九州の山中に脱走、あるいは生きたまま遺棄されたことがあった可能性は否定できない。

大胆な推論であるが、意外とこのあたりが真実なのかも知れない。いずれにしても、大西さんらによる遺伝解析の結果は、九州からのクマの絶滅をより一層濃厚なものとした。

九州グマの大調査を行なった

このような中、2011〜2013年度に、当時私が代表を務めていた〈日本クマネットワーク〉が研究助成金を獲得することができた。大きな社会問題となっている日本全国でのクマ類の分布拡大について現状の取りまとめをすることになったのだ。

その中で、九州をどう取り扱うかは悩ましい点であった。一般的な理解として、すでに九州のクマは姿を消した可能性が高いためである。そこで、姿を消していった経緯を今一度要約して今後同様な事態を他の地域で招かないための良い勉強とすると共に、クマの目撃情報が未だにぽつぽつ報告されていることも事実なので、人を投入しての現地調査も並行して実施することとした。

同時に、九州のツキノワグマの遺伝的特徴がほとんど分かっていないために、九州産のツキノワグマ標本を入手して解析することも作業に加えた。

初めての現地調査は、２０１１年の12月であった。九州というとつい暖かい気候を想像してしまうが、祖母山の尾根線には雪が積もり、一面の冬景色であった。主稜線にはブナやミズナラのそこそこの大径木も見受けられ、落葉広葉樹林の特にドングリ類に依存するツキノワグマの生息環境としては、そう悪くはないというのが第一印象であった。

しかし、その晩麓に降り、民宿の人から聞いた話からは、また違ったかつての山の様子が見えてきた。宿は尾平という場所に位置したが、そのあたりは現在の寒村からは想像できないほど栄えた土地であったという。近世から鉱山として多数の人が出入りし、いくつもの集落があったのだ。学校、病院はもちろん、映画館などの生活に必要なインフラがすべて整っていたという。映画などは、最新のタイトルが大分県内で真っ先に封切られる羽振りの良さだったらしい。

調べてみると、最初に尾平で銀が発見されたのが１５００年代中頃、１６００年代初頭には錫《スズ》も採掘されるようになった。当時の岡藩が直轄で管理を行った後、１９３５年には三菱鉱業が本格的な採掘をはじめ、最盛期の１９５０年には２０００人（一説には３０００人）の人々が生活をした。関東で言えば、さしずめ栃木県足尾鉱山や茨城県日立鉱山の栄華を極めた日々を彷彿とさせる。

栄枯盛衰は世の習いとはいえ、近世から近代にかけては周辺の山々は坑木や燃料木確保のために伐採され、夜になれば酔客の放吟、朝には子供たちの甲高い声が響く、今とは比べものにならない開放的な景観が瞼に浮かんだ。

こうなると、クマの安定した生息には、厳しかっただろう。

とまれ、２０１２年から、祖母傾山系を網羅するように本格的な現地踏査がはじまった。

状況は非常に厳しい

山を歩き回ってクマの生活痕跡を探すことも行ったが、自動撮影カメラによる調査を主体とした。カメラは、熱源（動物の体温）を検知するセンサーを備え、その熱源が検知範囲内で移動している場合に動画や静止画をデジタル撮影する。最近は野生動物調査に広く利用されている。廉価で、山に放置しても数ヶ月は稼働する便利ものである。

２０１２年には延べ69名で20のルートの踏査を行い、自動撮影カメラは２０１２年、２０１３年の両年で、64カ所に計４２２７日の設置を行った。

調査には、クマ研究者に加え、地元の長谷川猟友会の方々にも多大なご協力をいただいた。長谷川猟友会は、前述した１９８７年のクマを捕獲したグループである。

猟師は常人が歩かない場所に好んで突入する傾向があるが、今回も期待を裏切らず、道無き道を案内いただいた。行動中の安全に責任を持てない旨念を押した上で、それでも無理を承知で同行した報道関係者の中から、熱中症で倒れる記者1名、滑落して肋骨骨折のカメラマン1名が出たことからも、うかがい知れるだろう。日本全国から参集したクマ研究者としては、未知のフィールドを歩ける上に、夜のビールが百倍美味しく飲めて至福の時間であったのだが。

結果は非常に残念なものであった。

爪痕やクマの摂食痕などはまったく見つからず、期待の星の自動撮影カメラにも、カモシカやモモンガといった九州での絶滅危惧動物は写ったものの、クマの姿は皆無であった。かなりの範囲を調査したとはいえ、見落としがあった可能性は当然残る。それでも、九州からのクマの絶滅説を否定するだけの証拠は得られなかったのだ。

今後も地元の関係者を中心に、九州でのクマ探しは続くと想像する。しかし、仮に見つかった場合でも、本当の九州産のクマであるかの判定の必要性も含めて、状況は非常に厳しいというのがひとつの結論となった。

かつてクマは神聖な動物だった

いま一度、九州からクマが姿を消した経緯を推察してみよう。

すでに述べたように、近世から近代にかけてのかなり早い時期に、九州からはクマが姿を消しはじめていた。ツキノワグマは、落葉広葉樹林に依存する動物であるが、現在の九州でのそうした森林の分布範囲は限定的である。

過去についても、タットマン氏がその著書『日本人はどのように森林を利用してきたか』（築地書館）の中で述べているように、九州では1700年までにその当時の林業技術で利用できる範囲の森林は利用し尽くされていた可能性や、火山活動が活発なことを裏付ける〝黒ボク土（火山灰を母材とする）〟が広範に存在すること、歴史的に焼き畑が広く行われてきたことから、森林は限定的であった可能性が高い。現在の安蘇山地に見る〝草千里〟のような、広々とした草地環境や荒れ地が拡がっていたようだ。

当然、ツキノワグマが安定して世代交代をしながら生息することは難しかっただろう。

九州には、クマ狩りの際の本州にはない独特の習慣がある。それは、クマを獲った際には、必ず1頭1頭に〝熊塚〟を建立してその霊を慰めることだ。

はじまりは少なくとも1800年頃に遡り、今でも、いくつかの場所に石碑が残る。言い伝えでは、熊塚を建立しないと子孫七代祟るとされる。偶然ではあろうが、1987年にクマを撃った猟師は、熊塚を建立せずに交通事故で亡くなったという。数が少なく、出会いの少ないクマを、神聖で格別な動物として崇めていたが故の風習なのだろう。

余談ながら、東北地方などで有名なマタギの始祖については、二つの大きな流派が知られる。日光派と高野派である。高野派については、空海上人（弘法大師）が、山で会った狩人たちに、殺生をこのまま続けるとその罪は子孫代々に及ぶと告げたという話もあるので、こうした禁忌の伝承が九州にも伝わったのだろうか。

遭いたくても遭えない

最後に、九州のクマはどのようなクマだったかについての遺伝学的な報告をしよう。

現地調査と並行して、九州産ツキノワグマの標本を、あらゆる手を尽くして探し回った。遺伝子解析に最適な、筋肉や血液が残っていれば願ってもないところだが、1900年代前半にはほぼ姿を消してしまった九州のクマのこと故、それは期待できない。

最終的に見つかったのは、狩猟された後に熊権現（熊塚）に埋められていた頭骨、縦穴洞窟に落ちて自然死した個体の頭骨、狩猟により捕獲された後に前足（指の骨が一部だけ残っていた）をタバコ入れに仕立てたもの、そして古い民家屋根裏の柱に破魔矢と共に縛り付けられていたクマの掌の骨の計4体分の骨格だった。

それらは、約100年〜約2100年前（炭素年代測定法による）の古い試料であった。骨にダイヤモンドドリルで慎重に小さな穴を穿ち、細菌などに汚染されていない骨粉を取り出して複雑で面倒な試料処理の上、その内3体から何とか遺伝子情報を取り出すことができた。

結果は、内1体は現在の西中国山地に生息するツキノワグマの遺伝情報と一致したものの、残り2体については、これまでまったく発見されていない、まさに九州独自の遺伝形質を持つ可能性が明らかになった。

クマたちが闊歩した時代の九州の山にタイムスリップしたいと考えるのは、私だけではないはずだ。遭いたくても遭えないという状況は、これでなかなか辛いものである。

4-3 四国のクマは追いつめられている

四国の山をきちんと歩いたのは、2017年が最初だから本当に最近のことである。その後、何度か剣山《つるぎさん》の山域を歩く機会を得ている。そこでまず気づくことは、山の奥まで人の手が入り、森の多くの面積がスギやヒノキの人工林に転換されていることだ。広葉樹は、山の尾根筋にかろうじて残る印象でしかない。森をこれまで人が積極的に使ってきたためか、林道や作業道があちらこちらに張り巡らされていることにも驚く。

人が減り、クマも減った

額に汗して山道を歩いていくと、突然林道にぶつかってがっかりすることもしばしばである。そうした林道は荒れるに任されており、新しい轍《わだち》がないことも多い。使われていないのである。林道だけではない、とても国道とは思えない細いくねくね道を車で走ると、不便な山奥に集落をいくつも見る。そして、その多くはすでに廃屋となっている。

このような山村の過疎は日本のどの地域でも大なり小なり見られるが、剣山の周辺はその進行が著しく感じられる。山を下りる夕まずめに、ヒグラシでも鳴こうものならより一層寂寞感が漂う。徳島側のある集落には、等身大のぬいぐるみ人形がたくさん置かれており、最近は外国の観光客に人気と聞く。これも、発端は過疎の中に、何とか賑わいを求めた地域の方の切ない想いであろう。長い歴史の中で、森と向き合って生きてきた人たちが姿を消し、その仕事の痕だけが広く残っている山、限られた場所しか見ていないので即断すべきでないことは承知しているが、その感が強くなる。

北海道のヒグマ、本州のツキノワグマ共に、その分布域を広げ、数を回復させている中で、四国だけは今も様子が異なる。山に生きた人たちが減ってきたように、クマもまた数を減らしている。四国のツキノワグマも、ある意味九州の状況と似ている部分がある。九州ほどではないにしろ、気がついたときには相当危機的な状況に陥っていたようだ。

ひとつの理由は、九州と同様に四国という面積に限りがある島の中で、一旦減ってしまったクマたちが、その数を回復させることができなかったことがあるだろう。本州であれば、ある地域でクマが姿を消しても、大きな山域の連続性の中で、いつかはまたクマの供給が期待できる。つまり、ソースがあるということだ。瀬戸内海、太平洋に囲まれた四国の場合は、外からのクマの自然流入を期待することは無理である。

絶滅へのカウントダウン

四国の山が、人の手によって広い範囲で利用されていたことは、私が四国の山に入って最初に感じたことであり、事実そうであったことが分かっている。

ツキノワグマが生活のために好む落葉広葉樹林の面積が減ったことに加え、奥山に至る道路網が発達したことは、人間のアクセスを容易にして、ツキノワグマに限らず森に住む動物たちへの捕獲の圧を高めたはずだ。さらに、森林の利用は、近世、あるいは中世からはじまっていただろう。だとすれば、日本の自然史科学が発展する前に、四国のクマが分布域と数を減らしていても不思議ではない。

次いで、昭和の時代に入ると、林業に勘弁ならない被害を与える動物として、ツキノワグマの捕獲が官民挙げて奨励されることになる。1頭につき、相当高額な報奨金も提供された。当時の様子を見ると、どうやら本気でツキノワグマを四国から駆逐しようとしていたようだ。

気がついたときには、ツキノワグマが残る地域は、四万十川の上流部、石鎚山のあたり、そして剣山のあたりの3箇所だけになっていた。ただ、その3地域にどの程度のクマが残っていたかについての具体的な言及はない。1842年に書かれた古文書を見ても、石鎚山では一生かかってもクマを捕獲できない猟師がいるといったくだりもあることから、すでに相当に少なかったのだろう。

ここ最近の確実なツキノワグマの生息が確認されているのは、徳島県と高知県にまたがる、剣山の高標高地だけになってしまった。各自治体で、ツキノワグマをレッドリストに掲載したり、狩猟を禁猟にしたりするなどの措置を取ってきたものの、それらの取り組みが、個体数の回復につながっているという確かな証拠は得られていない。

また後で触れるが、現在確実に分かっている剣山中心部でのクマの数は、せいぜい20頭程度である。これはいかにも少ない。仮に、四国全体に残るクマの数が、本当に20頭内外であるなら、生態学の常識的には、近い将来に四国のクマは絶滅を迎えることになる。

捕獲を止めようが、レッドリストに掲載しようが、絶滅へのカウントダウンは止められないのだ。

四国でがんばる〝クマの人たち〟

四国のツキノワグマを何とかしよう、そうした熱い気持ちのＮＰＯがある。非営利活動法人の四国自然史研究センターである。

といっても、センターの職員の数は少なく、ツキノワグマを担当する職員はさらに限られる。最初は金澤文吾さん、その後山田孝樹君と一人態勢が続いていた。最近になって、Ａ君が新たに入ったが、それでも総勢2名だ。ちなみにＡ君は、大学院生時代、私たちと一緒に足尾・日光山地でツキノワグマの研究をしていた青年である。

彼らは急峻な剣山の山奥に重たいクマの捕獲罠を運び上げ、たくさんのカメラや遺伝サンプリング用のヘアトラップを仕掛け、文字通り苦労を厭わず、不平を漏らさず、クマの保全を進めるための基礎データを黙々と集めている。もちろん、彼らも霞を食べて生きているわけではないので、外部資金を確保しながら自主研究としてツキノワグマの調査を進める傍ら、国や地方などの行政委託調査も受託して糊口を凌いでいる。

あまり暴露しないほうが良いのだろうが、彼らの生活は楽ではない。収入は安定せず、委託調査で質の高い調査データを得ようとすれば、それはどんどん持ち出しになる。家族だって養わなければならない。普段はそんなことはおくびにも出さないが、酒を飲んでいるときなど、そっちの方面の話になると、うつむき加減になるので分かってしまう。何とかならないのかと思う。

そもそも、センター職員に限らず、おしなべて〝クマの人たち〟は、営業も交渉も不得意である。ついでにロビー活動も不得意だから、頑張ってもなかなか注目を浴びない。つい最近は、クマの冬眠穴の調査中に、手伝いに来てくれた獣医さんが斜面を大滑落して、大腿骨を複雑骨折してまだ歩くこともままならないそうだ。一時、国際NPOが協力関係にあったがすでに撤退、現在は国内大手のNPOが新たに協力を申し出てくれているので、そこに期待を持ちたいところだ。

とはいえ、これまでにセンターが集めてきたツキノワグマに関する情報はそれなりの量になり、今後の保全戦略策定のための基盤となっている。

狭い尾根筋を行ったり来たり

どんなことが分かってきたのか。誰もが気になる何頭のクマがいるかは、まだよく分からない。というのも、資金や労働力の限界から、数に関する調査は、剣山の中心部、国定公園や鳥獣保護区の核心部に限定されているからだ。

中心部での調査結果では、この10年ほどの間に、20頭弱のクマが識別されている。直接捕獲して記録したクマ、写真撮影によって胸部の斑紋の形から識別したクマ、あるいは山中に仕掛けたヘアトラップで採取された体毛を使って遺伝解析して識別したクマなどを足しあげた数だ。

最近、本州の各地で行われている、数理モデルを使った個体数推定ではなく、確実に存在するクマを数えた、いわば最低確認個体数である。

次の課題は、中心部以外にもツキノワグマはいるのか、あるいはいないのか。いるとしたらどの辺りにどのくらいの数がという点になる。

おそらく、最後までクマの情報があった石鎚山や四万十川上流部であっても、クマが今も残る可能性は極めて低いだろう。残っているとしたら、剣山の周辺山地である可能性が高い。

これまでのセンターの調査では、数年間隔でメスグマが子グマを連れている様子が確認されているけれど、子グマの消息がその後ようとして分からない。望みは、子グマたちが剣山の中心地から周辺に分散して元気に定着していることだ。一方、悲観的に考えれば、分散先で最後を迎えているという結末もあり得る。

センターが明らかにしたもうひとつの興味深い発見は、剣山のクマが利用している生活場所の質の評価である。複数のツキノワグマに、行動解析用のGPS首輪を取り付けて、その動きを仔細に追った。するとクマたちは、見事に剣山高標高地、つまり尾根筋の狭い範囲だけを、行ったり来たりすることが分かった。

この傾向は、特に秋に目立った。理由は、ツキノワグマの好む果実、それもドングリを産する落葉広葉樹林の分布で説明できた。クマたちは、高い標高の尾根筋にわずかに残る広葉樹、ブナなどに依存した生活を送らざるを得なかったのだ。山腹をまったく利用しない訳ではなかったが、その割合は微々たるものだった。

私自身、足尾・日光山地や奥多摩山地でこれまでに数多くのクマを追跡しているが、こんな狭い範囲で暮らすクマは見たことがない。突き詰めて言えば、剣山は四国のクマの最後の砦である可能性が高いが、クマの生活を支えることの出来る土地は、もはやごく狭い範囲のようだ。高標高地は、人間の生産活動にあまり適していないので、残されてきたのだろうが。

クマを脅かす大規模風力発電

最近、心配なニュースが飛び込んできた。この最後の砦とも言える剣山の尾根筋に、大規模な風力発電事業の計画が持ち上がったのだ。名前を聞けば誰でも知っている大企業で、天神丸周辺の主稜線に、43基もの大型風車を設置するという。

懸念は、残された広葉樹の伐採、取り付け道路の建設による生活場所のかく乱である。鳥やコウモリなどの、風車へのストライクも起こるだろう。

原発からの脱却や、代替エネルギーの確保の観点から、こうしたクリーン・エネルギーの推進はあってしかるべきだ。けれど、最近のこうした風力発電やメガソーラーのいけいけムードの建設は、環境への配慮を欠いていないだろうか。

最近私たちは、福島第一原発のすぐ近くの阿武隈山地でクマの分布を確かめるための調査を行っているが、至る所にソーラーパネルが目立つ。放射性物質の関係で農地としての利用を諦めた土地所有者が、遊ばせておくのももったいないという理由で、ソーラーパネルの設置のために長期契約で貸し出しているのだ。さらには、フランスの巨大企業が参入して、山をひとつ削って、メガソーラーを設置する計画もある。いつだったか、飛行機の窓から福島の浜通りを眺めたら、地上のあちらこちらでソーラーパネルが西日を浴びて煌いていて驚いた。

脱線ついでにもうひとつ。少し前に、自宅のすぐ近くを流れる鬼怒川が、台風の増水で堤防を決壊させて、あたり一面が水浸しになったことがあった。ちょうど海外に出ていたときで、帰国したらそんな状況で仰天した。この時の原因は、堤防を削ってソーラーパネルを設置した人がいたことが、堤防の強度を落としたらしい。

代替エネルギーの大義名分があれば、何でもよいということではないだろう。そもそも、政府は原発を諦めたわけではない。環境のことを本気に考えている訳ではなく、これが商機と考える企業に惑わされてはいけない。

天神丸の大規模風力発電事業に対しては、環境影響評価法に従った配慮書の段階で、日本クマネットワークや哺乳類学会などいくつもの関係団体が、見直しを求めた意見書を急ぎ提出した。環境大臣や地元知事もかなり厳しい言葉で見直しを求めたが、当の企業がどのようにそれを受け取ったか分からない。

環境への配慮と、企業イメージを考えて撤退してくれれば嬉しいが、まだ予断は許さない。

〝クマの人たち〟が四国に集ってきた

剣山の周辺部にクマはいるのかいないのか。センターを支援する目的で、日本クマネットワークが外部資金を獲得して、周辺部での調査を開始した。これまで、調査のメスが入ってない地域に、カメラトラップとヘアトラップを大量に設置して、クマの存在の確認と共に、胸部斑紋や遺伝情報を用いて、できればその個体を特定しようという試みだ。

〝クマの人たち〟は、こういう作業の号令がかかると、仕事を投げ打っていそいそと全国津々浦々から駆けつけてくる。むしろ、嬉々としてと言ったほうが正しい。本当なら、自分のフィールドにもっと入ること、溜まったままになっているデータの整理、さらには論文執筆が優先されるべきなのだ。しかし、一気に人材を投入しないと出来ない調査もある。四国のクマ調査はまさにそれだ。

広大な剣山をカバーするのはそれでも大変だ。国道や県道とは思えない一車線のくねくね道を延々と走り、終着点から徒歩で山に分け入る。道は舗装道路ばかりとは限らず、落石が転がる未舗装路も多い。レンタカーを極限まで駆使するが、オイルパンに穴を空けてエンジンオイルをダダ漏れさせたり、落石に車体を擦って凹ませたりと、車両の損傷も多い。夜の宴会の肴にはうってつけのハプニングだが、レンタカー会社は渋面だろう。

今までのところ、周辺部でのクマの存在を示す結果はあまり得られていない。それでも、まだしばらく調査は続く。もともと大きな期待を持って臨んでいるとは言えない部分もあるが、こちらの想像を裏切ってくれる結果が出てくれれば本当に嬉しい。

四国のクマを増やすには

周辺部にツキノワグマはほとんどいない。中心部に残るクマは20頭程度。そのような結果が仮に得られたとしよう。その場合は、より積極的な保全のための戦略が必要になる。それも思いきった。

短・中期的な対応のひとつは、給餌である。現在の剣山が、20頭以上のクマを養えない環境にあると仮定すれば、食物を人間が補給して現状の改善を図ることも必要だ。そのためには、どのくらいの量の食物を、どこに設置すべきかの綿密な計画と、それがうまく機能しない場合は柔軟に計画を変更することも必要になる。

誤解してはいけないのは、餌付けではなく、管理された給餌であることだ。したがって、効果の検証は必ず並行して行う。クマよりも、他の生物への影響が大きい場合は、中止も視野に入る。

さらに、次のステップとして、補強がある。

これは、遺伝的に近い個体を、他の地域から導入して、残されているクマたちの回復を手助けするものだ。ミトコンドリアＤＮＡを用いた遺伝解析では、四国のクマは紀伊半島のクマと同系列の遺伝的特徴を持つことが分かっている。補強をするなら、お隣の紀伊半島からだろう。

フライの雑誌　ムーン・ベアも月を見ている　読者カード

本書の内容について、意見や感想をお書きください。

ご希望の項目に印をつけてください。後払い・送料無料でお送りします。

□新装版・水生昆虫アルバム（島崎憲司郎著）　□海フライの本③（中馬達雄著）　□山と河が僕の仕事場②（牧浩之著）□山と河が僕の仕事場①（牧浩之著）□バンブーロッド教書（永野竜樹訳著）□淡水魚の放射能（水口憲哉著）　□文豪たちの釣旅（大岡玲著）□目の前にシカの鼻息（樋口明雄著）　□朝日のあたる川（真柄慎一著）　□桜鱒の棲む川（水口憲哉著）□イワナをもっと増やしたい！（中村智幸著）　□魔魚狩り（水口憲哉著）□宇奈月小学校フライ教室日記（本村雅宏著）□葛西善蔵と釣りがしたい（堀内正徳著）　□『フライの雑誌』バックナンバー（　　　　）号

郵便はがき

料金受取人払郵便

日野局承認

9039

差出有効期間
平成32年
7月3日まで
(切手不要)

191-8790

東京都日野市西平山
2-14-75

フライの雑誌 行

フリガナ　　　　　　　　　　　　　　　(　　　)歳　男・女

ご氏名

ご住所　〒

TEL　　　　　　　　　　E-mail

ご職業　　　　　　　　　年間釣行日数(　　　)日

これから読みたい単行本のテーマを教えてください

「読者通信」欄などへ掲載される場合があります。個人情報は編集の参考、小社からのご案内以外に使用しません。

給餌も補強も現実的ではない、もしくはすでに手遅れという場合は、剣山に残るクマを捕獲して、適当な施設での飼育と繁殖を試み、数を増やしてから再び四国の山に戻す方法もある（域外保全という）。

トキは佐渡島でこの方法を試み失敗しているが、後年、中国から譲られたトキを人工繁殖させて、現在はその一部を野生下に放鳥している。コウノトリでも同じ保全策が講じられている。

しかしながら疑問は、こうした計画が果たして本当に実現可能かという点である。

一番の課題は、技術的なことよりも、そのような試みに対して、関係する人々、特に地域の方々が賛成してくれるかにかかっている。四国ではこれまで、クマは害獣として扱われてきている。当時の人たちの多くは、すでにこの世にいないとしても、考えは受け継がれているだろう。

現在、関係する行政機関が連携して、四国のクマの保全のための広域連絡協議会を立ち上げようとしているが、その調整に手間取っている。皆、簡単にゴーとは言えないのだ。ツキノワグマが今後回復したときに起きる、林業被害の再来や、それに人身被害だって当然懸念される。正直なところ、レッドリストに掲載するぐらいは特に問題はないが、増やそうという具体的な施策には、慎重にならざるを得ないのだ。

クマをとりまく地域社会の本音

日本自然保護協会が実施したアンケート調査の結果は興味深い。

高知と徳島の市民にクマに関するいくつかの設問をした。多くの回答者は、基本的にはクマの保全には異を唱えていない。けれども、クマがあなたの身の回りに生活するとして、どのくらいの距離であれば許容できるか、という質問への回答は考えさせられる。その距離はなんと50㎞なのだ。狭い四国で50㎞は、ほぼその存在を認めないということに等しい。

四国で山を歩いた後、帰着点が高知県側の場合、高知城近くの観光市場に行くことが多い。数多くの地元の料理や酒を提供する店が賑やかに軒を並べ、いつ訪れても楽しい。同席した地元の人たちと会話も弾む。

ある夜、同じテーブルの気のいいおじさんに、何しに来ているのかと聞かれた。普段はあまり詳しい話はせずに、山歩きなどとお茶を濁すのだが、この時は突っ込みが鋭く、それに山仕事に詳しい方だったので、正直にクマの話をした。すると、おじさんの表情が曇った。

「クマはやっぱりいないほうがいいなあ。山を歩くときおっかないし。それに、秋田では人が何人も喰われちまったんでしょ。」

「いやあ、それはね…、」

と説明をしたものの、おじさんは最後まできっと納得してくれなかったと思う。

クマ調査を主催する日本クマネットワークにこんな連絡もあった。長年、生きがいとして地元で遍路修行をされている方であった。丁寧な文章で、その趣旨は、クマも大事なことは分かるけれど、もしクマが四国の山で増えるようになったら、私はお遍路を辞めるしかないという事であった。切実な気持ちは私たちにも、ぐいと刺さる。

四国のツキノワグマを、九州のクマと同様に絶滅させることは絶対に避けたい。しかし、その前に横たわるのは、技術的な課題よりも、地域との合意形成である。それは、すでにカウントダウンが始まっている、クマ絶滅との時間勝負でもあるのだ。

4-4 韓国の山にクマを追う

日本へのツキノワグマの渡来は、氷期に地続きとなった朝鮮半島経由であったことはすでに触れた。現在は日本では北海道にしか生息しないヒグマも、そのひとつの系統は、朝鮮半島、本州を経由して北海道に至ったことが確認されているのだから面白い。

ただしこの朝鮮半島、様々な理由で、ツキノワグマもヒグマも現代に入って絶滅に近い状態になってしまった。北朝鮮でのクマ類を含めた野生動物の状況は霧の中にあるが、韓国では事態を受け、ツキノワグマの他地域からの補強（もしくは再導入）を進めている。

山を走るおじさん

道案内で先頭を行く韓国の環境保護団体のおじさんたちは、迷彩服を身にまとい、野生動物のように山道を飛ばし続けた。追いついていくのが精一杯である。同じパーティーに参加している梨花女子大学の生物学を専攻する女子学生たちは、あっという間に置いていかれるが、おじさんたちは頓着しない。硬派な面々である。

時は1997年11月、ところは韓国全羅南道の智異山国立公園で、韓国で最後のツキノワグマが残っていると目されていた地域である。当時はまだ韓国に哺乳類の研究者が少ない上に、ツキノワグマがほぼ絶滅状態のために学習の機会が少なく、クマの生活痕跡に明るい人材が少ないという事情もあった。そこで、日韓の研究者が一堂に会して、全山を対象とした一斉痕跡調査が、数日間の日程で実施されていた。

日本からは、我が国のクマ研究のパイオニアである米田一彦さんの声がけで、クマの研究者10数名が参加、韓国側からは大学関係、NGO、そして地元の環境保護団体のおじさんたちが大勢参加した。

冒頭に述べた屈強な地元のおじさんたちは、銃を持たせれば軍人、あるいは猟師といった風貌であった。実際、何人かのおじさんは、過去は猟師だった経歴があり、銃の撃ちすぎで耳が良く聞こえなかった。本当は、実に心優しい熱血韓国男児であったのだが、それが分かったのはしばらく後のことである。考えてみれば、韓国では徴兵制度がまだ存在し、ほとんどの男性は一度徹底的に鍛え上げられるのだから、強いのは当然なのだ。

この時は、普段は一般人の通行が禁止されている軍事道路も特別にゲートが開けられ、広い山域全体にいくつも調査パーティーが分け入った。目的は、ツキノワグマの生活痕跡を見つけて、分布の現況を把握することであった。

ただし、私のパーティーのおじさんたちは風のように山を走り、痕跡をじっくり探すためには、しばしば立ち止まってもらう必要があった。そのわずかな休止中に、件の女子学生たちは息絶え絶えに追いついてくるのだが、追いつくタイミングでまた出発するので、少々心が痛んだ。もっとも、彼女たちも、弱音は一切吐かずにさすがであった。

この時は、かなりの範囲を網羅して踏査を行ったが、新しいツキノワグマの痕跡は結局発見できなかった。その代わりに、野生動物を無差別に捕獲するために密猟者が仕掛けたワイヤーや針金を利用した〝くくり罠〟(カウボーイの使う投げ縄のような形状の罠を、動物の通り道に仕掛けて、その首などをくくるもの。当然動物は死亡する)をいくつも回収するという結果に終わった。

韓国や日本の参加者の熱い気持ちとは裏腹に、まだ智異山にツキノワグマが残るという確証は得られない調査となった。もっとも、私にとっては数多くの韓国の人たちと知り合える、最初の良い機会となった。

危機的状況にある韓国のクマ

ここで朝鮮半島、特に韓国のクマ類の状況をまとめてみよう。まず、朝鮮半島には、ヒグマとツキノワグマの2種類が生息してきた。ツキノワグマは朝鮮半島の山地帯に広く生息したが、ヒグマは北朝鮮側の北東部の山地帯に限られる。具体的には、白頭山、小白山、赴戦嶺山、威鏡山などの周辺となる。2006年当時の北朝鮮関係研究者のヒグマの生息数の推定は、60～210頭となっているが、その精度や現在の状況は不明である。

特筆すべきは、北朝鮮ではヒグマとツキノワグマの生息域が重複していることである。世界でも、この両種の生息が重なる地域は、この北朝鮮、中国の小興安嶺、ロシア沿海州、西アジアのごく一部だけである。

一方、北朝鮮でのツキノワグマの生息推定数は、同じく2006年の時点で300～1000頭と報告されているが、その根拠やその後についてはヒグマ同様分かっていない。北朝鮮はロシアや中国と国境を接しており、野生動物にとって国境は無意味なことを考えれば、北朝鮮国内でのクマ類など野生動物の状況はとても興味深いところである。ただし、国情を考えれば、その詳細を知ることは今後もなかなか難しい。

韓国では韓尚勲博士（元・国立生物資源館研究員）などの尽力によって、過去から現在に至るクマ類の分布と個体数の動向が大まかに押さえられている。ここからの話で覚えておいていただきたいのは、北朝鮮と韓国はかつてひとつの国であったことだ。北緯38度線にDMZ（非武装地帯）が引かれるまでの統計情報は、朝鮮半島全域の動向を示しており、現在の韓国内に限られない点である。そこに、日本の総督府による為政時代などが絡み、話は複雑になっている。

韓博士によると、15世紀初頭から、熊胆《ゆうたん》の薬効が巷に流布するようになり、その結果、クマ類に捕獲圧がかかるようになる。1910年からは銃の一般人の使用が可能になり、密猟も深刻化したという。

さらに、追い討ちをかけたのが、日本総督府が奨励したクマ類の有害獣としての扱いだ。1915～1943年にかけての統計では、種類の内訳は不明ながら、クマ類が計1269頭も捕獲されている。統計では、1915年には261頭が捕獲されたものの、1943年には37頭に減少している。この数値だけでは断言はできないが、捕獲数の減少は、クマ類の減少を反映していたのだろう。

このような状況下、1950年代の朝鮮戦争勃発は、生息環境である森林の破壊も含めて、さらに個体数減少を進めた。その後の、くくり罠、口発破（団子などに火薬を仕込み、クマなどが齧ると爆発して当該個体を殺す密猟手法）などを用いた密猟が続いたこともあり、最終的なツキノワグマの生息は、韓国側では智異山にわずかに望みを託す状態となってしまった。

韓国政府が、1982年にツキノワグマを天然記念物に指定したことでも危機的な状況が伺える。この状況が、冒頭の智異山での日韓合同クマ調査につながったのだ。

国外からクマを連れてくる

智異山への最初の訪問以降、韓国に頻繁に訪れるようになった。山々は森で覆われており美しく、朝鮮戦争の傷跡は感じられなかった。なにより、ツキノワグマをはじめとする野生動物とその生息環境を保全しようと奔走する人たちの熱い気持ちに感銘を受けた。「近くて遠い国」とは、当時の慣用的表現だったが、お隣の朝鮮半島の自然史について、いかに浅学であったかも思い知らされた。

２００２年には、日韓サッカーワールドカップ共催の機会に、当時の職場だった茨城県自然博物館で「コリアの自然史」なる大々的な企画展も開催した（なお、半島の呼称が、韓国では〝韓半島〟、北朝鮮では〝朝鮮半島〟と異なり、苦肉の策として英語呼称の「コリア」とした経緯があった）。

智異山での野生ツキノワグマの動向は危機的であり、韓博士らの働きかけにより、国の事業として国外からのツキノワグマの補強計画（実際にはおそらく再導入なので、以下、そう表現したい）が発動することになる。

この再導入計画は簡単なことではない。ＩＵＣＮ（国際自然保護連合）でも細かなガイドラインを示しているが、特に食肉類動物のような地域の人たちと軋轢を起こす可能性のある種の場合は、生態学的・遺伝学的な導入のハードルをクリアできたとしても、地域からの合意を得ることが千里の道である。

日本での再導入に関しては、新潟県佐渡のトキや兵庫県豊岡のコウノトリの例があるが、どちらも鳥類である。日本での食肉類再導入の前例はない。

北アメリカでは、イエローストーン国立公園へのハイイロオオカミの再導入が有名である。しかし、オオカミに広大な生息環境を提供できるアメリカでさえ、家畜被害を恐れる牧畜業者の反対は強く、粘り強い交渉が実現までに必要であった。また、導入後も農家によって非合法に殺されるオオカミがいる現実もある。

日本でも、現在問題になっているシカやイノシシの農業被害や生態被害を解決する手法として、明治時代に絶滅したオオカミをシカなどの天敵として再導入しようとする計画があり、現在もその運動は一部で続いている。

オオカミ、クマの再導入はむずかしい

ここにも看過できない課題がある。北米ではオオカミが人を襲った事例は歴史的に皆無と信じられており、オオカミ再導入の際の地域への大きな説得材料のひとつになった。しかし、である。

１９９６年に埼玉県で開かれた食肉類国際学会では、オオカミの日本への再導入を推進する人々が、オオカミの安全性を紹介するために北米から著名なオオカミ研究者を招いた。

その研究者が北米でのオオカミの話をしたときである。インドからの研究者がすくっと立ち上がり、インドではオオカミがいかに人々を襲って食べているかについて滔々と話し始めたのである。会場は一瞬粛とした後、大変な喧騒につつまれたことを思い出す。

さらに、2015年夏に札幌で開かれた野生動物管理に関する国際学会でも、韓国ソウル大学のイ・ハン博士が、1920～1939年の間の朝鮮半島でのオオカミによる人身事故記録を洗い出し、194件の事例を得たことを報告している。犠牲者の多くは2～6歳の幼児で、その内の約54％が死亡していた（韓国では1960年代にオオカミは絶滅したと考えられている）。

なぜ北米とアジアでオオカミの人間へのふるまいが異なるのかは不明だ。

実は日本でも、江戸時代には東北地方で薪拾いなどに出た婦女子がオオカミに襲われた事例がいくつも残っている。

日本では、オオカミ以外にも、ツキノワグマについて、環境省によって絶滅が判断された九州への再導入や、絶滅の危機にある四国への補強が可能性として考えられる。遺伝的には、九州のかつてのツキノワグマは西中国地方のツキノワグマに、また四国のツキノワグマは紀伊半島のツキノワグマに近いことが判明しており、ソースには事欠かない。しかし、林業被害や漁業被害を起こす動物として駆除されてきた歴史的な経緯があり、人と軋轢を起こす動物という根強い認識があることで共通する。

オオカミと同様、日本での大型食肉類の再導入には、いくつもの壁が存在している。

韓国のクマ再導入に学ぶべきこと

話が少々飛躍したが、韓国でのツキノワグマ再導入に話を戻そう。

韓国政府がツキノワグマの再導入計画に着手したのは、2004年のことだ。国の施策ということもあり、国立公園管理公団への数多くのスタッフの雇用、研究センターの設立、同時に公園に放すクマの順化のための飼育施設なども整備された。生態学者、獣医師、数理生物学者、リモートセンシング学者なども雇用される、一大国家プロジェクトの様相を呈した。

IUCNのガイドラインに従い、韓国のツキノワグマに近縁の、ロシア沿海州、北朝鮮、中国、そして韓国ソウル動物園からの個体が、飼育施設での順化期間を経た後に、智異山に放逐されていった。

ちなみに韓国のツキノワグマは、日本のツキノワグマと同種であり、亜種レベルでの相違しかない。ただし、大陸産ということもあり大型で、オス成獣は200kgを超える体格になる。実際目にすると、胸の三日月斑と首回りのたてがみが異常に大きく、日本のツキノワグマと別種の風体である。

当初は再導入個体が地域住民と軋轢を起こすなど問題もいくつかあったものの、2018年時点では合計で59頭のクマが智異山に生活するようになった。この中には、2009年以降に野生下で誕生した44頭の子グマの内、現在も生存している38頭を含んでいる。

日本でなかなか実現することのない、少なくとも私の目からは大胆とも映る韓国の施策は、軌道に乗ったのだ。

とはいえ、順風満帆とはいえない時代もあったと思う。たとえば、地域住民への説明は繰り返し実施され、私もその一回に講演者として招聘された。日本のツキノワグマの現状や、韓国で予想される事態などを正直に話させていただいた。地元の方々からは、ツキノワグマがもたらす影響についての懸念がいくつも寄せられた。

また、わざわざ日本の私の職場に、ツキノワグマの再導入について、話を聞きに訪問された地域住民の方もいたほどだ。国立公園管理公団の説明が、全面的には信じられないということがその理由であった。けれども、そうした人たちと同じくらい、あるいは凌駕する強い気持ちを持った国立公園管理公団の職員や地元NGOの存在が、現在の再導入計画を実現していることに、私は強い羨望を覚える。

四国のクマの現状を考えるとき、韓国の再導入プロジェクトに学べる点は多い。あとは、誰が腹をくくって旗を振るかなのだ。

クマは泳いで移動する

野生動物はたいがい泳げる。あの、ナマケモノですら（ただしミユビナマケモノだけ）、アマゾンの川を器用に泳ぐ。

クマも例外ではない。2018年には、そうしたニュースで持ちきりだった。北海道では、利尻島にヒグマが泳ぎ着いてしばらく滞在して大騒ぎだった。

北海道と島の直線距離は20㎞もあり、ヒグマの泳力の高さを示した。島での記録は1912年以来ということなので、ヒグマにとっても挑戦的な距離なのだろう。この時は、発情期のオスが相手を求めてとの見解が出ている。メスの場合は、生命のリスクの高いこんな冒険はしないだろう。

本州では、宮城県の気仙沼湾に浮かぶ大島に、たびたびツキノワグマが現れた。海を泳ぎ渡る様子が漁船などから撮影されている。詳細は分からないながら、複数のクマが海を渡っていた可能性もあった。

夏の行楽シーズンがかぶったこともあり、大島の海水浴場では、完全装備の警察官がパトロールを続けるという事態になったらしい。暑い中、警察官の苦労はいかばかりだったことか。クマが島を目指した目的は、残念ながら分かっていない。

お隣の岩手県の山田町でも、船越大島という小さな無人島にツキノワグマが現れている。島では、東大の大気海洋研のグループがオオミズナギドリの生態調査を長年続けているが、まさにこのミズナギドリを狙ってクマが泳ぎ渡ってきたのだ。東大のS先生の話では、2017年にもクマが来ていたという。

島には私も何度か上陸させてもらい、状況を確認した。春に訪れた際には、島の南側に驚くほどの数のミズナギドリがクマに食い散らかされ、横たわっていた。地面に掘った巣穴から出た後、飛び立つまでに時間が必要なミズナギドリは、クマにとって格好な獲物なのだろう。死体からは、胸筋と内臓だけがきれいに消失していた。本土から島までは数百メートルなので、この島を見つけたクマは独り占めできる宝の山と舌なめずりしたことだろう。

漁船でトラップを運び込み、学術捕獲してビデオカメラや衛星首輪を装着することを試みたのだが、夏以降クマは現れずに不首尾に終わった。今後の様子が気になるところだ。

私がはじめてクマが泳ぐことに気づいたのは、奥多摩でテレメトリー調査を始めた頃だ。発信器を付けたクマが、たびたび奥多摩湖（小河内ダム）の北岸と南岸を移動したのだ。

最初はテレメトリー測位の誤差を疑い、次に夜間に橋などを渡っている可能性も考えた。しかし、ある人が湖を泳ぐクマの姿を写真に収めてからは、泳いで移動していることを確信した。

群馬県の奥利根ダム周辺で長いことクマ撃ちをしているMさんの話は面白い。

ダムにボートを浮かべて釣りをしていると、湖上を泳ぐクマに遭遇することが結構あるという。一度は、ボートで近づき過ぎたために、クマが船縁に手をかけそうになって慌てたという。手近なオールでクマの頭を叩いて事なきを得たそうだが、クマはその後悠然と岸に上がって姿を消したそうだ。

p.133 （上）足尾山地で捕獲罠の中のツキノワグマに吹き矢筒で麻酔ダートを打ち込む様子。実はクマをテーマとした博物館企画展用に撮影した、いわゆるやらせ写真である。そのため、射手にあまり緊張感がない。

（下）足尾山地で捕獲したツキノワグマの体重を測る。ゴルフネットでくるんで持ち上げるが、大きなクマだと支える腕が震え、写真のように簡単にはいかない。早く目盛りを読めと、思わず声が出る。

p.134-135
足尾山地で学術捕獲された若いオスのツキノワグマの体計測を行う学生たち。オスの睾丸がよく目立つ。これは全長を測っているところで、ぐにゃぐにゃした体をまっすぐに伸ばす必要がある。体計測は人によってメジャーのあて方に癖が出る。本当なら同じ人が行うのが望ましいが、そうもいかないので、学生たちには毎年計測方法の講習を実施する。

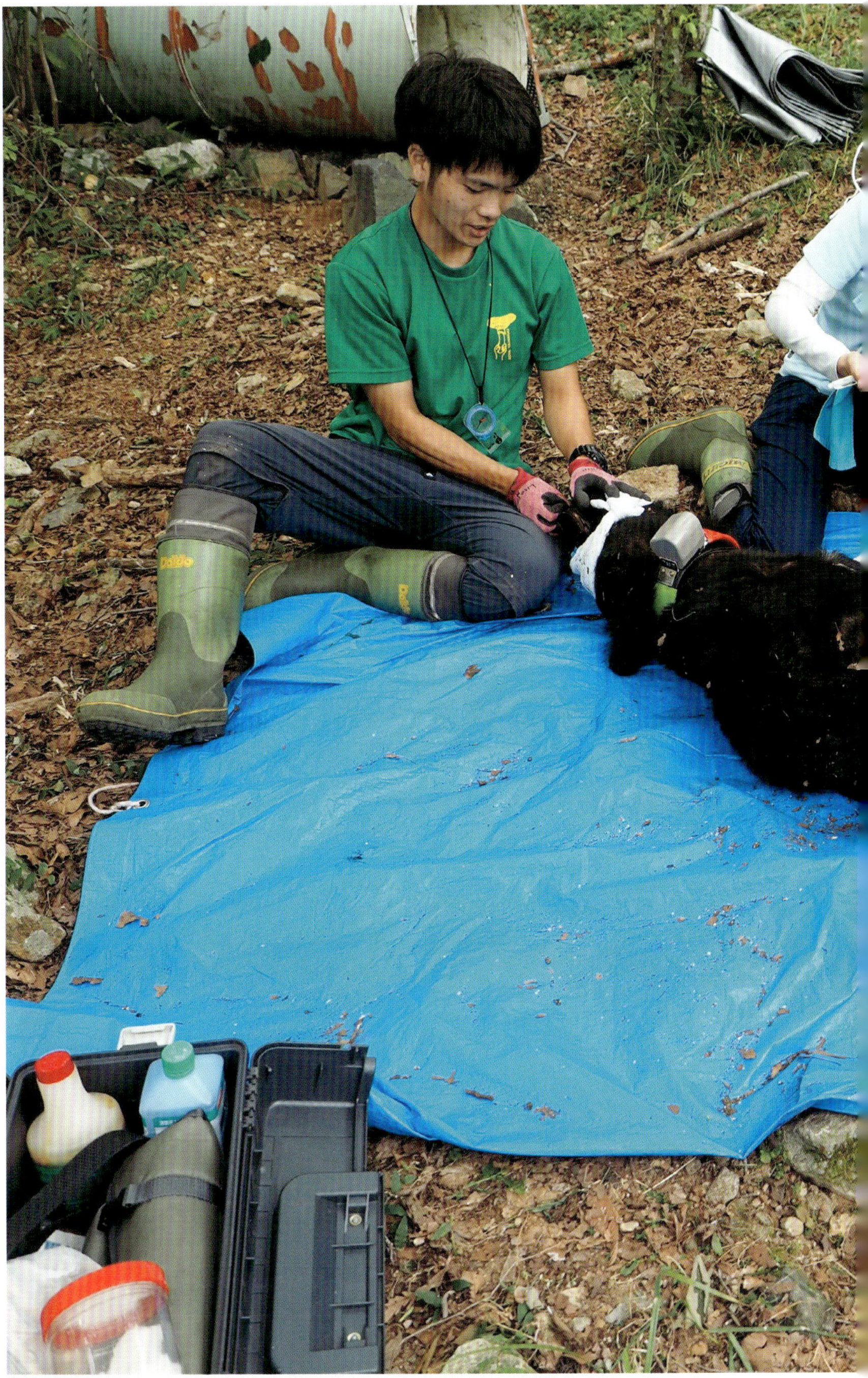

О36ВУ 125

p.136 （上）ロシア沿海州シホテアリン自然保護区でのクマ捕獲罠の運搬大作戦。4輪駆動の軍用トラックに罠を積み換えているところ。左の車両はロシア製の国民的小型四輪駆動車「UAZ」。軽いので泥濘地でもとことこ走破する。

（下）ツンシャ川沿いに設置された、特製のクマ捕獲罠。はるばる知床から運び込んだ。巨大かつ重いため、運ぶのも、設置するも一苦労である。輸送による歪みもあり、組み立ても数時間がかりで、へとへとになる。が、やっとここまで進み、うれしさを隠せない。

5

クマを知り、クマに学ぶ

5-1 生け捕りにしてつきまとう

現在の私たちのクマ研究のテーマは、ごく大雑把に言えば、クマたちが未来に渡って健全な子孫を残していくための、生活の工夫を知ることである。

例をひとつ挙げると、植物の側が果実の生産量を年ごとに調整することに対して、クマが行動や生理でどう応答するか見極めることがある。

そのメカニズムを知るため、クマを生け捕りし、ちょっと彼らには不自由をさせてしまうが、人工衛星で追跡できる装置を一時的に取り付けて行動を追う。また一方で、クマたちが実際に利用した場所に踏み込み、そこでクマが何をしていたのか、何を食べていたのかを記録する。

知らないこと、分からないことだらけ

並行して、クマが生活に利用する環境をマクロなスケールでも俯瞰し、それぞれの果実を生産する林がどれくらいの広さで存在し、生産される果実がどう年変動するかについてもモニタリングしていく。

額に汗して山に入れる上、その後のビールもとてつもなく美味しいという、山好きには堪らない研究の分野だ。ただし、いかんせん自然相手の研究なので、再現性のあるデータの大量収集はしばしば困難で、いくぶん非生産的な部分があることはこれまでにも述べてきた。

それでも、これまでの研究で、クマは秋の食べ物（ドングリ類、つまりブナ科の堅果）の結実量の多寡に応答して行動を可塑的に変化させることが分かってきた。こうした機序が、最近頻発する人里へのクマの大量出没の引き金のひとつであることもほぼ確かである。

とはいえ、大きな疑問として残るのは、成熟したドングリ類をクマが利用できるようになるのは、9月中旬以降という事実である。それなのに、クマたちの人里への出没は、まだ夏真っ盛りの7月や8月頃から起こり始めてしまう点が不可解なのだ。

同様の現象は、調査地の足尾・日光山地でも度々起こっている。2014年の夏から秋に起こった事例もそうだ。

この年は、全国規模でのクマの大量出没年であった。最近は出没が恒例行事のように頻発するものだから、あまり報道もされなくなってしまったが、全国でクマが3612頭捕獲（内3408頭捕殺）され、人々も111件116人（死亡1名含む）が負傷するという（環境省統計）、ここ10年ほどでは2006年に次ぐ憂慮すべき年だった。

足尾・日光山地で人工衛星により追跡したクマの動きを再現してみても、それは劇的だった。夏以降、クマたちの動きは突如として活発になり、あるクマは足尾から今市に入りさらに日光市内に接近、あるクマは赤城山の麓に移動、さらにあるクマは尾瀬沼への移動を行っている。

驚くべきことにクマたちは、数十kmの道のりを、ほぼ数日で直線的に移動したのだ。まるで、目的地を知っているように。

ツキノワグマは、生まれてから1年半ほどお母さんと一緒に行動する。この期間は、他の野生の哺乳類と比較してもかなり長い。この間に、食物のありかを含め、たくさんのことを学んでいるのかも知れない。

だが、すべてはまだクマの生活の一部分を捉えたスナップショットに過ぎない。分からないこと、知りたいことが山積みだ。

クマの生態と生理を解明したい

これまでに分かってきた現象をまとめると、ドングリ類の不作年にはクマが長距離移動を行うことがひとつ。また、衛星追跡首輪に内蔵させた行動量センサーを読み取ると、4月の冬眠明け以降、徐々に活動量レベルは上昇するが、長距離移動が起こる直前の、8月のある時期に活動量ががくんと低下することも示された。

そして再び活動量レベルを急増させる秋がくる。

クマの生活史では、冬眠という一大イベントを控え、脂質や炭水化物を豊富に含むドングリ類を飽食して、体脂肪をたっぷりと増加させる季節だ。メスでは、冬眠中の出産と育児の成功度を左右するとても大事な時期で、食欲亢進期と呼ばれる。クマたちは昼間だけではなく、夜間も頑張ってドングリを貪り食う。この秋期のクマの生態は、かなりのデータが積み上げられてきている。

その一方で、冬眠明けの春から夏にかけて、どのような食物を利用して、その食物はどのようにクマの体の維持に役立っているかはまだまだ不明な点が多い。断片的な研究成果からは、春先には新葉、花などを食べ、その後はアリなどの社会性昆虫を利用することがわかっている。

ただし、繊維質（食肉類の仲間であるクマは消化できない）が少なく、逆にタンパク質含有量が高い新葉の利用可能な時期は2週間ほどと短い。また、アリから得られる摂取カロリーは、クマの体を最低限維持する基礎代謝量にも満たないことが判明している。

いったい、どのようにこの季節を凌いでいるのかが正直まだ分からない。

しかも、前述のように夏にはあたかも〝夏眠〟のように活動量をぐんと下げるクマが多いのである。そうかと思うと、秋を待たずに夏から長距離の移動を突如はじめるクマもいる。おそらくこの春から夏のクマの生態や生理にメスを入れることが、夏から始まる出没の発生機序に多くの示唆を与えてくれると踏んでいるのだ。

ある程度、ツキノワグマの生態的な研究が進んでくると、次には生理的な側面を知りたくなってくる。生理は、北海道大学大学院獣医学研究科の坪田敏男さんなどが先頭を走って研究されているが、野生状態のツキノワグマについての知見はまだまだ限られているのが現状だ。

繰り返しになるが、これまでの私たちの研究では、衛星首輪に内蔵されたクマの活動量を測るセンサー（X、Yの2軸で単位時間あたりのクマの動きを記録）を利用して、一年を通してのツキノワグマの活動量の変化を把握できるようになっている。

概観すれば、冬眠明け以降、徐々に活動を活発化させるものの、その上昇は緩やかだ。さらに、晩夏に入ると多くのクマは活動量を鋭く低下させてしまう。その状態から、秋のドングリの結実時期に入ると、指数的関数的なカーブを描いて活動量はどんと跳ね上がり、そして冬眠前になると同様に急激に落ち込んで収束する。

そのような活動量の変化の中で、体温や心拍などの生理を示す状態がどのような挙動をしているかまでは、分かっていなかったのだ。この点の解明が、次の課題として浮かび上がってきていた。

スカンジナビア・ヒグマ研究プロジェクトはすごい

北欧のノルウェーとスウェーデンでは、スカンジナビア・ヒグマ研究プロジェクトが長年走っており、挑戦的な研究がこれまでに数多くなされてきている。たくさんの博士や修士学生を修了させ、その成果は溜息が出るほどの数の査読付き論文にまとめられている。

査読付き論文とは、科学研究の結果や議論を、そぎ落とした必要最小限の文章にまとめたものである。さらにその正確性を、複数のその道の専門家（レフェリーという）がチェックして、出版のお墨付きを与えた論文を指す。一般の雑誌記事、報告書、本書（！）のような書籍類は、レフェリーが査読をしている訳ではないので、間違いや誇張、そして独断などが含まれるかも知れないことを、読者は知っておくべきだ。

スカンジナビアのプロジェクトのさらにすごいところは、北欧にとどまらず世界中から優秀な学生を集めてきていることだ。正確には、世界中から優秀な学生が、プロジェクトに参加したくて自らその門を叩いている。

プロジェクトで得られた結果は、査読付き論文にまとめられるだけではなく、普及書などでも発表され、北欧でのヒグマの保全や管理に、そのまま活かされている。このことは、行政機関が研究成果を信頼していることも同時に示している。

スカンジナビアのプロジェクトは、このような先進性を持つ点で私たちの大きな憧れであり、常に目標になっている。日本にも、ぜひ長期的な研究フィールドを何とか築きたいという、そのモチベーションだ。それに、これまで北米が先頭を走ってきたクマ研究に、スカンジナビアチームが、一矢どころかたくさんの矢を打ち込んだことに快哉を覚える。

スカンジナビアのプロジェクトの中心的人物は、ノルウェー生命科学大学のヨン・スウェンソン博士だ。気がつくと長い付き合いになる。何度も来日をしていて、北欧でのクマ研究のことや、管理のことを紹介してくれているので、その分野の人には顔馴染みだ。

シングルモルト溺愛者で、ヨンの家に泊めてもらうと、夕食の後は特別なウイスキー倉庫からシングルモルトがセレクトされてリビングに運び込まれる。次々にグラスを傾けながら、果てのない饒舌なクマ談議になる。

ヨン・マーティンと二人の学生

スカンジナビアのプロジェクトで、大きな役割を果たしているチームがもうひとつある。インランド・ノルウェー大学（旧・ヘードマルク大学）応用生態学部のヨン・アルネモ博士のチームだ。つまり、もう一人のヨンだ。ややこしいので、二人目のヨンは、ミドルネームを付けて、ヨン・マーティンとしよう。北欧にはたくさんのヨンがいるので、実際こうした呼び方をしている。

ヨンがどちらかというと生態学的なアプローチでのクマ研究をしているのに対して、ヨン・マーティンらは獣医学からの生理的アプローチでの研究を担当している。プロジェクトでは、何十頭ものヒグマを毎年麻酔捕獲しているが、その担当もヨン・マーティンだ。

がっちりと背が高く、いつも背筋がピンと伸びている。アイスブルーの双眸は常に相手をまっすぐ捉え、時々冗談を言って破顔するのだが、それ以外は寡黙を保って格好良い。ヨン・マーティンは、ヒグマが捕食するトナカイ、ムースなども、毎年相当な数を生け捕り捕獲している。

ヨン・マーティンに初めて会ったのは、一人目のヨンよりもだいぶ後のことである。ヨン・マーティンは徹底した現場主義の男なので、滅多に学会にも出てこない。時間がもったいないのだ。それに、熱狂的といってよいムース・ハンターで、彼の研究以外の一年は、9月に解禁されるムース猟とその準備のために投資されている雰囲気が濃い。

ヨン・マーティンとの共同プロジェクトの発端は、ユタ州で開かれた国際学会であった。その時、ヨン・マーティンの指導を希望している博士課程の獣医学生を、日本の私たちの研究フィールドに迎え入れられないかと打診してきたのだ。学生のモニカ・バンドーは父親が日本人、母親がノルウェー人のため、日本のクマに目が向いたのだ。

彼女は、数年間にわたって中国本土で、胆汁を生きたまま抜き取る仕組みのクマ牧場からクマを救出してリハビリする施設の獣医師をしてきていた。そこでのやり切れない悲しさから、中国のクマ牧場のクマたちの体に起こっていることを、日本の正常な野生のクマと比較することを、博士論文のテーマに選んだ。この時は、アリーナ・エバンスという、ヨン・マーティンの博士課程の学生も一緒だった。彼女はアラスカ出身の獣医学生である。

話はとんとんとまとまり、モニカが数か月日本に滞在し、アリーナもスポット参戦することになった。その際に、すでにスカンジナビアのプロジェクトでは広くヒグマに使われ始めていた、心拍・体温計の施術と、またその方法を私たちに伝授してくれることになった。

スタートは2015年と決まった。

国際色豊かになった足尾のステーション

来日したモニカの働きは素晴らしいものだった。一人で判断して、きびきびと仕事を見つけて動く。捕獲トラップの保守作業にも嬉々として取り組んだ。

モニカはアメリカの獣医大学を出た後、オーストラリアでさらに勉強をして、中国や北欧などで実践的な野生動物獣医学の腕を磨いてきている。その間には、たくさんの人と出会い、交渉や取りまとめを乗り越えてきたのだ。そのため、人当たりも良く、日本語はしゃべれないながら、山の中で出会う、やや癖のある土木作業の人たちともすぐに打ち解けた様子だった。目的を明確に定めて勉強に突き進む人のトルクはいつもながら凄い。

モニカに加え、アリーナ、そしてワシントン州立大学獣医学部のリン・ネルソン博士もモニカの技術的指導に来日して短期間ながら滞在した。日光市足尾の町中にある、調査ステーションは急に国際色豊かになった。北海道大学の坪田さんも参戦する。こうした状況は、日本の学生たちにも良い刺激になったのではないかと思う。

モニカの作業は、クマの肝臓組織の採取（バイオプシーといって、超音波装置のディスプレイ上で臓器の位置を確認しながら細い針を使って組織を採取する）、膀胱からの尿の採取、採血などが主なものであった。病理学的な検査・研究が目的である。

一方、私たちの目的は、胸部の皮下に、小指大の心拍と体温が計測できるロガーを挿入することである。アイスランド製の最新型で、30分間に1回の心拍と体温の計測で、計算上は1年間作動する。胸部の皮下に挿入するだけなので、手術は難しいものではないが、剃毛や縫合が必要になる。ロガーは挿入前にパソコンに専用ソフトとリーダーで接続して各種作動条件のセットも必要だ。

モニカやアリーナはこれまで北欧のヒグマにしか挿入していないので、日本のツキノワグマに合わせた方法も考えてもらう。私も、縫合のやり方を事前に練習するがこれがけっこう楽しい。

バナナの皮の部分を、動物の皮に見立てて、針を通して結ぶことを繰り返すのだ。何だか毛鉤《フライ》を巻く作業に似ている。

ヨン・マーティンは、正確無比な麻酔や手術をするというもっぱらの噂で、心拍計を皮下に入れることなど、数分間足らずの朝飯前だという。その教えを受けたモニカやアリーナの作業も素晴らしく的確で、無駄がなかった。

「クマと目が合った!」

とはいっても、こうした器具を、雨も降り風も吹き、足場の悪い野外で、野生のクマに装着することは一筋縄ではいかないのは当たり前だ。ひとつエピソードを紹介しよう。

その日は、アリーナとモニカの二人の獣医師が、何人かの日本人と共に立ち会っていた。山中の急な斜面の小さな凹みに、罠で捕まえ麻酔をかけたオスグマをどうにか仰向けにして、まず胸部皮下への心拍ロガーの挿入作業に入った。クマは体重63kgの若いオスであった。

ロガーは1年後にこのクマを何とかして再捕獲して取り出す必要があったために、私がモニカに教わりながら、剃毛、皮膚切開、ロガー挿入と進み、最後に小さな開口部の縫合を行っていた。

その時、クマの目隠しをまくって麻酔のかかり具合を確かめていたアリーナが、

「コージ、クマと目が合った。早く追加麻酔を打って！」

と叫んだ。

手術用グローブをはめて縫合糸と格闘している私が聞き返すと、

「目が合うって？」

「目が私を真っ直ぐに見返してきた」

というのである。この日、彼女らの意向に従って、いつもとは違う麻酔薬を利用していたため、投薬量にあまり自信が持てていなかったこともあり、急ぎ追加の麻酔を筋肉注射した。

しかし、ほどなくクマは体をよじりはじめ、皆で協力して四肢を押さえつけたものの、信じられない力で私たちをはね除け、そして立ち上がった。一人がクマ撃退用のカプサイシン・スプレーの操作を行うが、急いだために安全装置を外したところで暴発、クマにはかからず、アリーナにその噴霧の一部がかかる。

クマは立ちすくむアリーナとモニカめがけて突進して、後ろに仰け反って倒れ込んだアリーナの体の上を飛び越えて斜面を走り下っていった。ほんの数秒の出来事であった。後には倒れて咳き込むアリーナが残された。

一瞬の呆然から立ち直り、アリーナの目を蒸留水ですすぐ一方、クマの行方を追った。クマは追加した麻酔が効き、数十m下の急斜面の小さなテラスで、木立に引っかかるように再び麻酔により動かなくなっていた。

ここからが大変であった。60kg台とはいえ、ぐんにゃりと弛緩したクマの体を再び尾根まで持ち上げることは到底できそうになかった。そこでその場で、斜面のクマの体を皆で支え、縫合の続き、さらに腹腔内への体温計の挿入、最後に衛星首輪の装着を行った。無理な姿勢の作業のために、足と腕の筋肉がぷるぷると震えた。作業後、麻酔の覚醒剤を打ち、ようやくその場を後にした。

「日本のクマがスカンクのような臭腺を持っているとは知らなかった」

アリーナが充血した目をこすりながら笑った。気がついたら目にひどい刺激臭を感じたという。もちろん、そんなものがある訳はなく、単に暴発したカプサイシン・スプレーを浴びただけのことである。タネを明かして皆で大笑いした後に、やっと皆の間から緊張がゆっくりとほどけた。

実はこの後も、モニカと私が山の中で作業中に、衛星首輪を付けた別のメスグマに至近距離でチャージ（多分ブラフチャージだったと思うのだが）を受ける羽目になった。

東洋のクマ研究者たちは、なんて無謀な研究をしているのかと勘違いされないように、これは例外なのだと、モニカに言い含めたのはもちろんである。クマ研究者としてあってはならないヒヤリ事故であった。

この年、足尾山地では、準備したロガーのほぼすべての挿入を行った。モニカも、やや想定よりは少なかったものの、野生ツキノワグマからのサンプルを得て帰国の途についた。もっとも、博士論文のためのサンプルは揃ったものの、モニカの場合はここからの分析と考察が本番である。

自分でロガーを取り出すクマ

ロガーの回収率がとても低いことはすでに述べた。これはある程度想定していたことであった。アメリカのミネソタ州でたくさんのアメリカクロクマにロガー（ただし別の製造会社の人間用のもの）を挿入した元・ミネソタ州野生動物局のカレン・ノイスさんは、半分くらいはクマに取り出されて行方不明になってしまうと、溜息交じりに話してくれたことがある。ヨン・マーティンのグループでは、回収率が相当高い様子だが、体が大きなヒグマだからかも知れない。

私たちがロガーを挿入しているツキノワグマは体が小さいことに加え、生け捕り捕獲の最盛期は春から夏のため、体重が落ちていることも大きそうだ。多分、爪などを使って、あっさり取り出してしまうのだろう。

ただ、カレンもアリーナも、完全に皮膚が癒合した数ヶ月後にも、理由は分からないが突然ロガーが取り出されることがあるという。こればかりはクマに聞いてみるしかないが、やはり気になるのだろうか。研究という名目で、クマたちに負担をかけてしまっていることが心に痛い。

わずか数例だが、回収したロガーからダウンロードしたデータを見たときは興奮した。第3章でも少し紹介したように、冬眠から明けた春先から、心拍・体温共に徐々に上昇していくが、夏の盛りになるとストンと見事に低下するのだ。これまでの活動量の計測から、こうした挙動はある程度予想していたが、まさにドンピシャの傾向である。

その後、秋に入ると心拍体温共に急激に上昇して、特に心拍数は、平均で1分あたり150回に迫る、驚きの数値を叩き出す。人間でも、運動をすれば心拍は150回をかんたんに超えるが、ツキノワグマの場合は、一日平均しての値なので、ドキドキがずっと続いていることになる。

どうして、そんなにもクマの心臓が早鐘を打ち続けるのか、体への負担はないのか、そのあたりは正直分からず今後の研究が必要だ。

8月のクマは飢えている

断片的なデータながら今回得られた心拍および体温、加えてすでにある活動量のデータを眺めると、次のようなクマの生活が頭に浮かんでくる。

冬眠から明けたツキノワグマたちは、徐々に活動を活発化させていく。ただし、活動の増加は緩やかである。春先には、草本類の若い茎や葉、あるいは芽吹いたばかりの樹木の葉、そして花を利用することができるだろう。初夏には、アリなどの社会性昆虫類、少しばかりのサクラやキイチゴの類いの瑞々しい果実を見つけることもある。しかし、それらは一カ所に大量にはなかったり、あったとしても利用できる期間は短かったりする。

一斉に開く草や木の若葉は、タンパク質が多く、本来食肉類の消化器官を持つクマには消化できない繊維質が少ない良質な食物だ。けれども、季節の移ろいと共に、繊維質を増やして堅く消化が難しいものになってしまう。アリも、女王アリのさなぎが増える時期はクマにとって短い時間で大量のタンパク質を取るチャンスだが、その期間はすぐに終わってしまう。サクラやキイチゴだって、大量に一カ所にあることは少ない。

クマは、食物を探し回る際に使うエネルギーと、やっとみつけた食物を食べた際に得られるエネルギーを常に天秤にかけて、動いた方が得か、あるいは動かずにじっとしていた方が得かを判断するのだ。そのため、食物があまり見つからない盛夏である8月頃には、いっそ動かずにエネルギーを温存することが得策と気づくのだろう。8月になると、活動量、心拍、体温共にストンと落ちるのはそのせいではないか。

私たちのクマ研究プロジェクトの院生のFさんが、面白い論文をまとめている。それは、秋の飽食期を始点として、クマが体に蓄えた脂肪をどのように消費していくかのシミュレーションである。一日に食べる食物から得られるエネルギー、一日に移動に使うエネルギーを、衛星首輪の位置情報や活動量区分、直接観察による摂食量や食物のカロリー量などの複数の要素から評価して、その収支として推定したのだ。

このモデルでは、秋に蓄えた脂肪を冬眠中にかなり消費するものの、冬眠明け時期になってもまだ残余があることが分かる。

春先の葉や花は、探索に使うエネルギーよりも得られるエネルギーが少なからず上回るために、ほどほどに動き回る。しかし、夏も盛りになると、脂肪のストックは底をつきかける。前年の秋のドングリの実りが悪く、スタート時点で脂肪の蓄積が十分でない場合は、脂肪のストックはマイナスになる可能性もある。

そうなると、動かずにじっとしていても、日々の基礎代謝量すらまかなえなくなり、つまり飢餓に陥るかも知れない。9月中旬に再びはじまるドングリの季節まで持ちこたえられるのか、あるいは持ちこたえられないのか。まさに、クマにとって8月は試練の月だ。

このことで、クマが餓死するかは分からない。けれども、下界が春爛漫を満喫して浮かれている4月に、山の中では遅い春の芽吹き目前にして、冬の間に体脂肪を使い果たしてばたばたと死んでいくシカたちの例もあるのだ。

動物たちにとっての本当につらい時期は、しばしば私たち人間の想定範囲の外にある。

クマにも色々な都合があるのだろう

さらに考えたいことは、春から夏にかけて食物が少なく、前年の秋に蓄えた体脂肪を大切に使わなくてはいけないとしても、そうはいってられない理由もクマにはあるかも知れないことだ。

小さな子どもを育てている母親は、動き回る子どもたちを追いかけて座ってばかりはいられない。メスを追いかける発情したオスだって、その衝動を抑えることは難しいだろう。そうであれば、いつもとは違う場所や方法で食べ物を手に入れないとならないクマも出てくるだろう。

これまでは、クマが人家付近に出没する理由は、その年の秋のドングリの実りの変化が理由として説明されてきたが、もっといろいろな都合がクマにあるのではないか。

夏に人里に出てくるクマの動きを説明することもできるかも知れない。前年の堅果の実りが悪く、翌年の夏までに蓄えたエネルギーがマイナスになる場合はなおさらだ。

今後は、こうしたさまざまな状況の違いに着目すると共に、異なった年齢や性別のクマの生理研究を進めていきたいと思うのだが、そこはクマにかける迷惑と、得られるデータの歩留まりとの間での、今度は私たちの側での収支の見込みが問われることになるのだ。

クマをほいほい誘う餌

クマをトラップで捕まえる際、あるいは遺伝情報を得るためにヘア・トラップサイトに誘引する際、どんな誘引餌を使うのか、調査者の創意工夫が必要になる。

クマのプーさんではないが、定番餌は蜂蜜だ。ただし、調査者によって好みは分かれる。蜜だけを使う場合もあれば、巣と蜜を一緒に用いて、ハチが誘引餌の周りを羽ばたいているのが効果的と話してくれた研究者もいる。切り取られた巣に、どのくらいの期間ハチが残ってくれるのか、そこを聞き忘れたが確かに効果はありそうだ。

蜜の種類もいろいろだ。私は、以前は中国産のソバの花の蜜を一斗缶で買って使っていた。匂いが強い上に、価格が安かったのだ。その後、中国産蜂蜜の輸入に規制がかかってからは、国産蜂蜜の搾りかすを使っている。一斗缶で安く買えて、半固形なので扱いやすい。

学生たちは、ここに酒を加えて醗酵させている。北欧の蜂蜜酒、ミードのような感じだろうか。美味しい酒はもったいないので、誰かが海外などからお土産に買ってきた、へべれけにでもならないと手をつけたくない、クセやアルコール度数が極端に強い酒がよく使われているようだ。

ロシア沿海州でのクマプロジェクトでは、蜂蜜は貴重品なのでほぼ使われない。一度、使ってみたが、ロシア人研究者から、「これは人の食べる貴重なもので、クマにはもったいない」と諭されてしまった。

かの地では、基本的に自己調達である。ある日、ロシア人が「レッツゴー」という。車で未舗装路を走り、小型の漁船に乗り換えて向かった岩礁帯に、ガスで膨れて漂うクジラの死体があった。

KUMA Column ⑥

このクジラの肉をありがたく頂戴して、クマの誘引餌に使おうというのだ。

ナイフを刺して肉を切ろうとすると、ビューッと腐敗ガスが吹き出てくる。海獣類の脂は、そもそも強烈なギトギトと匂いがあるのだが、それが百倍に増幅されている。ロシア人は、最後はぷかぷか浮くクジラに飛び乗り、肉を切り続けた。そのガッツには圧倒された。

この時の脂にまみれた服は、日本に持ち帰らずに、現地調査用に物置に保管されることになった。迷彩服なら脂のシミも目立たなかったと後悔しても遅かった。ちなみにこのクジラ肉の効果は絶大で、ツキノワグマ、ヒグマ共にほいほい誘引されていた。

日本でも、山で死んでいたシカの肉を切り取ったり、ニジマスなどの魚を使ったりしたことがある。確かにクマは誘引されるのだが、その前にアナグマやテンなどの動物が引き寄せられてしまうため、使用を断念している。

最近話題になっているリーサルウェポンは、針葉樹の精油やクレオソートなどの揮発性物質である。これは食物としてではなく、その刺激的な匂いにクマが抗えずに誘引されるのだろう。

普通クマは、9月以降のドングリ類の結実時期になると、食欲亢進期と呼ばれる特殊な生理状態に入り、蜂蜜などには誘引されづらくなる。

そのため、秋以降のクマの捕獲は難しかったのだが、食欲以外に訴える揮発性物質には、状況を改善できる可能性がありそうだ。

5-2 ある日、クマをつかまえたら

クマが罠に入ると、学生から早朝にまず一報が入る。だいたいその翌朝に麻酔処理をするため、機材の準備に余裕を持つ都合があるからだ。1頭だけの場合もあれば、数頭の場合もある。山の中に、いくつもの罠をかけてあるので、最高で一日で5頭のクマがかかったこともある。

学生は、スポットライトを使って罠にかかったクマの体重を推定して一緒に報告してくれることになっている。推定は大事で、その大きさによって、用意する衛星首輪の種類やベルト長、さらにはロガーなどの準備が異なるからだ。

顔で識別するのは難しい

一番良いのは、その個体が以前捕まったことのあるクマで、首輪を付けているとか、耳に番号付きの標識がある場合だ。以前の個体の記録に当たれば、体重や性別などが分かる。しかし、足尾山地では耳票は基本的に付けていない。地元で長年ツキノワグマの撮影をしている野生動物カメラマンのグループがあり、標識だらけのクマになってしまうと、撮影対象として辛いという強い

意見があるためだ。いわば、紳士協定である。

本当のことを言えば、耳票がついていれば、罠の中での個体の確認にとどまらず、山の中でクマを発見したときも、それが誰かが分かるのだけれども。特に2頭のクマが一緒にいるときは、足尾のクマはかなりの個体について捕獲時に採取した血液を使った遺伝解析によって血縁関係が分かっているので、きっと面白い社会関係に関する知見が得られると思うのだが、未だに実現していない。

足尾と日光では、これまでに100頭近くのクマを生け捕り捕獲によって個体識別している。同じ個体が何回も捕まることも普通なので、延べでは300頭近くの捕獲作業をしているだろう。それでは顔馴染みはいるかというと、やはりクマの顔を識別するのは難しい。人間の顔を見分けるようにはいかないのが正直なところだ。

ツキノワグマの識別には、胸にある三日月模様の形が使える。もっとも、立ち上がらない限り見えない場所なので、通常は判別には使えないところが辛い。

毎年20～30頭を捕獲する

クマの捕獲の連絡は、明日はこの仕事をしないといけないとか、明日までにこの原稿を仕上げないといけないという、できれば研究室にこもっていたい時に限って、高い確率で届く。まさに、マーフィーの法則だ。そのため、未明の1時とか2時に研究室や家を出て現場に向かい、夜明けと同時にクマの麻酔不動化と様々な処理を行い、9時とか10時にまた職場に戻るというパターンになる。

実際は、1頭だけと思って現場に着いてみたら、別のクマが違った罠に追加で入っていることもある。林道が落石によって通れなくなっており、罠までのアプローチに時間がかかることもある。帰りの道で渋滞にはまることだってある。授業や会議に間に合うか、いつだって冷や冷やだ。

通常、捕獲作業は4月下旬頃から7月下旬頃まで行われ、例年20頭前後から多い年には30頭ほど捕まえるので、けっこう大変だ。

特に最近は、飲んだ翌朝の酒気帯び運転で検挙されるケースが多いので、前夜にビールさえも控えなくてはならない。捕まれば、立場的に即、職場から懲戒解雇だ。そんなこんなで、私の車は年間3万キロくらい走ってしまう。現在乗っている車の走行距離は、40万キロだ。

深夜の研究室から山を目指す

都内の研究室から出発するとしよう。いつもは渋滞地獄の首都高も、深夜はガラガラだ。低速で走るトラックをかわしながら、くねくねとした環状線を抜け、東北道に乗るとひたすら北を目指す。深夜の静寂の時間には、カーラジオのスイッチを入れ、NHKアナウンサーの静かな語り口を聴くのが良い。回転が上がって唸るディーゼルエンジンに負けないようにボリュームを上げるので、〝大音量の静かな語り口〟になってしまうのが難点だが。宇都宮のインターチェンジで日光への有料道路に乗り換える。終点の清滝まで走っても、まだ夜は明けない。

コンビニエンスストアでおにぎりと飲み物を買い、足尾に向かうくねくね道に入る。日光と足尾を隔てる峠のトンネルを越えると、あとは渡良瀬川の源流に沿った下りのワインディングロードだ。シカが飛び出してくることがあるので、ライトをハイビームにして注意する。いつだったか、交通事故に遭いたての新鮮なメスジカを見つけたことがある。ルーフキャリアに引っ張りあげ、合掌した後解体して皆でありがたく賞味した。

足尾町内に入る手前で、右手に折れる。かつては銅山で栄え、宇都宮に次ぐ賑わいだったという町並みはすっかり寂れ、夜明け近くの蒼い空気の中に静まり返っている。なおも道を進むと、左手に廃墟となった銅の精錬所が見えてくる。群馬県の某紡績工場のように、世界文化遺産にしようという動きもあったが、まだ実現していない。途中、道ばたのお地蔵さんに作業の安全を祈って、黙礼をするのがいつのまにかの習慣だ。空が少し明るくなった頃に、足尾への入り口になっている森林管理署などが設けたゲートに着く。

ゲートで、共同研究者や学生たちと落ち合う。皆は、足尾の町内に借りている調査ステーション（ただの民家だが）に寝泊まりしていることが多い。夜明けを待ちながら、ＧＰＳ首輪の動作スケジュールのセットや、ロガーの感度などのセットをパソコンに接続して行う。
すべての準備が揃うと、いよいよゲート内に進む。ゲートは施錠され、専用のリモコンゲートがないと開かないし、リモコンカメラで常に様子が監視されている。ゲートから奥の未舗装路は、治山道と名付けられ、急峻で崩壊しやすい斜面にへばりついている。ガードレールはなく、ハンドル操作を誤ればそこはキレキレの谷だ。

クマのハンドリングの実際

クマがかかっている罠の近くに車を停め、そこからは機材を分担して持つ。機材はどんどん増えており、背負子にゴムバンドでぎりぎりと縛りつける。道から近い罠もあるが、しばらく歩かないとならない罠もある。ここでは足尾を例にとっているが、もうひとつの調査地の奥多摩の場合は、ほとんどの罠が林道から遠くて少し厄介だ。

罠に近づく際は、他のクマの存在に注意する。罠の手前で手を叩き、声を出す。クマスプレーも用意した方が良い。一番警戒すべきパターンは、子グマが中に入っていて、母グマが外にいる場合である。母グマは普通罠の周りに待機している。

罠は、母グマが横倒しにすると扉が開いて中の子グマが出られるような仕掛けがしてあるが、お母さんは意外と罠を倒さない。罠に人が近づく前に気配でさっと逃げる場合が多いが、ごくまれに攻撃の仕草を見せるときもある。普通はブラフながら、細心の注意を払う。

ツキノワグマを麻酔して、その後必要な様々な作業をすることを、ハンドリングと言う。ハンドリングは一人ではできないので、最低でも2名、普通は3名程度で作業する。

以前、広島県でツキノワグマ調査を受託していたFさんは、いつもたった一人でハンドリングを行っていた。最大の難関の体重計測の際は、クマを背中におぶって体重計の上に乗り、自分の体重を引いて計測していたという。でかいクマの場合どうやって背負ったのか気になるが、さすがに私は一人ではやろうと思わない。

その年生まれの子グマ（0歳）が罠に入っている場合は、見回りの段階でロープなどを使って離れた場所から扉を開けて逃がしてしまうことが多い。扉を開けても、スタスタと立ち去って大きな危険はない。1.5歳のもうすぐ親から別れるという段階の子グマの場合は、ハンドリングを行うので、周りにいる（もしくはいる可能性のある）母グマに対してできる限りの安全対応策をとる。

次にすることは、暗い罠の中で動き回るクマの体重を推定することだ。扉は、興奮したクマの歯がかかって痛まないように、小さな穴がたくさん空いたパンチメタルだ。その小さな穴からライトを当てて体重を読み取る。

怒ったクマが「オオッ」と吠えながら扉に突進してきて、つばを飛ばす。顔にかかる。この時思わず身を引きたくなるが、後で酒の肴にされるので、じっと堪えるのがオツだ。

吹き矢で麻酔を打つ、鼻をつねる

体重によって麻酔量が異なる。しかし、この推定がなかなか難しい。誰かの一言に皆がつられてしまうことがある。特に、目が慣れていないシーズン当初はその傾向が強い。50kgと推定して麻酔を投与してもなかなか倒れない、おかしいなと思いつつようやく罠から引き出してみると、実はお腹や腰回りがだるだるの、100kg近くであったりするのだ。

典型的なオスグマの頭の形というのがある。それで、「これは立派なオスだな」と宣言して麻酔をかけると、立派な頭をしたメスだったりする。したがって、このあたりもうやむやにしておくのが正しい。特に、きらきらした目の新人が参加しているときはそうすべきだ。

麻酔は吹き矢で打ち込む。特殊な注射筒に薬と圧縮空気を充填して、針がクマの体に刺さると麻酔薬が筋肉中に瞬時に注入される仕組みだ。

罠の中で体勢を素早く変えるクマに麻酔を打ち込むのはコツがいる。狙点は肩の辺りの筋肉が理想的だ。お尻が打ちやすそうに思うかも知れないが、夏のクマは痩せていることが多く、骨盤に注射針が当たって跳ね返されることが多い。逆に太っているクマだと、お尻の脂肪に薬が入ってしまい、効くのに時間がかかる。焦ると麻酔投与の失敗が続く。外れて罠の中に転がる注射筒を、クマがバキンと小気味良い音を立ててかみ砕く。注射筒と麻酔薬で、一回失敗すると数千円が飛んでしまう。

麻酔がうまく投与されると、早ければ5分程度で頭を落として不動化される。ただし、見極めにも注意が必要だ。扉を少しだけ開け、クマスプレーを用意しながら、クマの鼻をつねってみる。敏感なところで、倒れたと思っても、鼻をつねるとぐいと頭を起こしたりするので油断はできない。

本当に不動化されたことを確認して、目の表面を保護するための軟膏を塗り、目隠しをしてクマを罠から引き出す。大きく太ったクマだと、だるん、どろんという感じで罠から転がり出てくる。乾いたきれいなクマだと問題ないのだが、糞、尿、見回りの際に与えた水、そして誘因餌の蜂蜜にまみれたクマだと腰が引ける。間違っても高価なゴアテックスジャケットなどを着てはいけない。あっという間に悲惨な状態になる。一般的傾向として、女子学生はベトベトのクマでも愛情を持って抱きしめに行くが、男子は何となく遠巻きにしていることが多く、思い切りが悪い。

身体のすみずみまで調べる

ここからは、時間との勝負である。できれば、追加の麻酔はしたくない。でも、するべき作業は山とあるのだ。

最初に体重を測る。ゴルフネットでくるみ、大型のバネばかりでぶらさげる。100kgを超えるクマになると、こちらの背骨が軋む。果たして、投与した麻酔量が適切であったかが、この時点で分かる。マイクロチップリーダーで、耳の後ろをスキャンする。過去に捕まえた個体は、その場所に米粒大のマイクロチップが挿入されているのだ。マイクロチップが発見できず、新規のクマの場合は、挿入器を使って新しいマイクロチップを入れる。

次に栄養状態の指標のひとつとして、体脂肪をはかる。体に微弱な電流を通して、抵抗値を測る家庭用のあれと原理は同じである。クマの場合は両足で体重計に立ってくれるわけではないので、手と足に電極を2カ所ずつ貼り付けて抵抗値を測る。後で表示された値を、アメリカクロクマの体脂肪値換算式に代入する。残念ながら、ツキノワグマについての信頼できる換算式はまだ得られていないためだ。この間はクマの体を静置する必要があり、他の作業はできない。

体脂肪計測後は、分担して平行で作業を進める。体中の様々な部位を丁寧に硬いメジャーと柔らかいメジャーを使い分けながら測っていく。これは、計測者と野帳マンの2人で必ず復唱しながら行う。

背中の体毛を少し抜かしてもらい紙封筒に保管する。窒素と炭素の安定同位体比を用いて、そのクマの昨年まで遡っての食性の履歴が調べられる。

初めて捕まえたクマの場合は、可哀想だが前臼歯という、犬歯のすぐ後ろにある米粒を一回り大きくしたような歯を抜く。局部麻酔を行い、専用のエレベーターという器具とプライヤーで抜き取る。持ち帰り、ギ酸などで脱灰して柔らかくして、歯根部を薄く削って染色すると、セメント層と言われる場所に年輪が判読できて、そのクマの歳がわかる。さらに、年輪幅の変化をみることで、メスの場合には、いつ出産をして育児をしたかが高い確率で推定できる。

唾液を専用のスポンジで採取する。唾液に含まれる酵素を調べると、ドングリに含まれるタンニンなどの動物を忌避するための苦み物質に対して、クマがどのような対応をしているかが分かる。背中の中心線の皮膚とお尻の皮膚を、丸いパンチで少し採取する。薬品処理をして切片をつくり染色することで、繁殖時期になると発達する皮膚腺などの組織検査ができる。

採血、組織採取、首輪とロガーの取り付け

忘れずに採血も行う。私は、上腕の静脈からが好みだ。頚部の太い静脈から採血する人も多い。小さな個体や血圧が低下した個体では、血管が探れずに苦労することも多い。採血は普通、ハンドリングの最後のあたりに行うことが多いので、クマが動き出している場合もあって、急かされる。

血液からは、そのクマの属する集団の系統、他のクマとの血縁関係、さらに性ホルモンにより生理状態などを調べることができる。寄生虫やウイルスの感染履歴、血球のカウントで、個体の

状態も知ることができる。

このほかにも、必要に応じて、バイオプシーという組織採取も行うこともある。随分前のことだが、精巣のバイオプシーに立ち会ったことがある。これは、見ているだけで痛そうで、思わず目をそむけた。電気刺激を与えて、精子の採取をしたこともあるが、これも正視に耐えなかった。どちらも、クマの性成熟を知るための重要なサンプル採取で、必要最小限のことながら、立ち会った男子は全員そわそわしていた。作業は、たくましい女性獣医師が行ったのだ。

もうひとつ忘れてはいけないことが、機材の取り付けである。成長した成獣には、GPS首輪を装着する。いろいろなオプション機器が付いていて、ロガーと組み合わせての体温計測、体の傾きを検知しての活動量の計測、最近は小型のカムが後付けされて任意の間隔でクマ目線でのビデオを撮れる。

まだ成長段階にある亜成獣には、首輪のベルト部がラテックスバンドで伸びる首輪を装着する。これにより、若い個体がどういった範囲まで旅をするのを追跡できる可能性がある。可能性があると書いたのは、こうした若いクマはとんでもない遠くまで移動してしまい、そのまま行方不明になる場合も少なくないからだ。首輪の回収率は今のところ低い。

なお、すべての首輪には動物福祉の観点から、首輪の切り離し装置が付いている。私たちが任意のタイミングで首輪を切り離すことも可能だし、万一そのクマがどこかに行ってしまい見失った場合には、あらかじめセットしたタイマー期限が来ると、自動的に脱落される。この場合、首輪はデータと共に永遠に回収できなくなってしまう。まさに水の泡だ。

皮下に心拍や体温を測るための小さなロガーを挿入する場合もある。簡単な手術になるので、清潔を保ちながら慎重に行う。

山から研究室へ、また山へ

ハンドリングはいつも晴れの日ばかりではない。雨の日もある。シートで屋根を張って行う。台風の中で強行したこともあった。クマが濡れると不都合がいろいろ生じるので、クマを雨風から守ることが優先される。周りの私たちは濡れ鼠になる。

ここまでの作業を、1時間以内に行うのが理想だ。途中でクマが覚醒してくることもある。すべてをこなした後、扉を開けたままの罠にクマを戻す。散らばった機材をまとめ、背負子にくくりつけてやっと下山である。再び長い運転で大学に戻り、待っている仕事を片付ける。その後で、血液サンプルを遠心分離するなど、データと各種サンプルを適切に処理してやっと一日が終わる。

また、すぐに学生からの捕獲の報が入るのだが…。

クマ観察の革命、赤外線デジタルカメラ

野生動物調査の武器として、この10年ほどでもっとも普及したものの一つに、赤外線デジタルカメラがある。

赤外線センサーにより熱源(センサーの範囲に入った生きた動物)の動きを探知して、無人でシャッターを切るものだ。静止画とビデオが撮影可能で、その両方を同時に作動させることもできる。リチウム電池と大容量のメモリーカードをセットすれば、半年以上山の中で黙々と働き続け、何千もの静止画やビデオを高画質で撮影する優れものだ。

照度センサーを備えていて、昼間はカラーで、夜間は赤外線を照射してモノクロームで24時間撮影する。防水の全天候型だ。しかも、1台安いものは1万円以下、精度の高いものでも2万円ほどで購入できる。デジタル技術の急速な発展の賜物で、当初の用途は、ハンターが自分の猟場に仕掛けて、獲物の種類や数を把握するために用いた。

以前はこのようなカメラは、動物写真家や野生動物研究者によって自作されていた。コンパクトカメラを用い、運搬に軽く、コストを下げたタイプが主流だった。フィルムを用いたので、撮影枚数36枚という制限があった。ビデオ画像が欲しい場合は、市販のビデオカメラを改造して赤外線センサーをつなぎ、さらに赤外線ストロボを取り付けて、防水ハウジングに入れる必要があった。1台の単価は目玉が飛び出るほど高く、調整も厄介であった。

それが今では、廉価で軽く、数十台を山中にセットすることも珍しくない。

調査の目的は様々だ。調査地に生息する野生動物の目録をつくることに始まり、種間関係、個体

KUMA Column ⑦

数推定などにも用いられている。ツキノワグマの胸の斑紋を利用した個体識別法や、トラの縞模様を使った個体識別法などがある。最近は、カメラを無作為に山の中にセットして、写された動物種の移動速度や画角の中での滞在時間を計測することで、生息密度を推定する新しい統計モデルも開発されている。

カメラは、世界中のクマの研究者によって使われている。特に、アジアの途上国に福音をもたらした。低予算で運用が可能で、うまく使えば大きな研究成果に結びつくからだ。

しかし、時としてやり切れないことも起こる。

イランは、ツキノワグマの分布の西の端になる。国情などから、野生動物の研究は進んでいない。ツキノワグマも同様で、分布や生態は明らかにされていなかった。そのような中、2人のイラン人研究者がツキノワグマの研究に着手して、自動撮影カメラを駆使して成果を挙げつつあったのだ。ところが、1人は航空機事故によって死亡、その奥さんが遺志をついで研究を継続しようとした矢先、今度はもう1人の研究者が当局によって逮捕されてしまった。罪状は、自動カメラを使ったスパイ行為であった。

当初は嫌疑が晴れて釈放されると関係者は予測していたのだが、事態は悪い方向に進み、さらに重い罪に問われて拘束が続いている。クマ研究で、こんなことも起こるのだ。国際自然保護連合などが、彼の解放を求めて要望を出しているところだが、まだ光は見えていない。

5-3 放射性物質とクマの暮らし

東日本大震災が起こったとき私は、大小の揺れが頻繁に起こって地震の巣といわれる関東北部にある、自然史博物館に勤務していた。そのため、またいつものアレかと揺れ始めは高をくくっていた。だから、そのまま仕事を続けようとさえ思っていたのだが、途中からいつもと違う様子に気づかされた。

2011年3月11日

揺れは大きく長く、机の上の棚からは重たい専門書がどさどさと落ち始めた。地鳴りがして、建物は聞いたことの無い不協和音を奏でた。職場のあちらこちらから叫び声や悲鳴が聞こえ始め、尋常ではない様子に建物の外への避難を決断した。アスファルト敷きの駐車場では、停められた車がどれも時化にあった船のように揺れていて、カーセキュリティのサイレンが、午後の冷たい空気の中で甲高く鳴り響いた。

2011年3月11日のことはまだ皆さんの脳裏に鮮明であろう。被害の様子が徐々に明らかになってくれるにつれて、その凄惨さに言葉を失った。停電もあり、東北地方や北関東で起こっていた事態の全貌を知ったのは、かなり後のことであったのだが。

地震そのもの、さらには津波の被害ももちろんながら、この震災では絶対に忘れることの出来ない、そしてこれからも災禍の続く事故が起こった。福島県大熊町の福島第一原発のメルトダウンと、それに伴う大量の放射性物質の大気中への放出だ。

放射性物質は風に乗って運ばれ、やがて雨により広い範囲にフォールアウトした。飛散の様子は、文部科学省が定期的に行っているエアーボーンサーベイの結果として公表されている。原発から北西方向に多くの放射性物質が風に乗り運ばれたが、同時に南西部にも放射性物質は運ばれていった。

心に残った大きなしこり

地震後、流れてくるニュースには救いがなかった。光の消えた町、食料品が消えたスーパーマーケットの棚、燃料が底を突いたガソリンスタンドなどがより一層私たちの心を沈鬱にした。

春はもうすぐだったはずだし、そんな状況の中でも季節は確実に移ろっていたのだが、私の、そしておそらく皆の心にも大きなしこりが残った。

放射性物質という目に見えず、しかし確実に原子力発電所を飛び出して、広い範囲に散ってしまった魑魅魍魎のことである。ヨウ素、セシウム134、セシウム137という聞き慣れない物質名を、実感を伴って知ったのもこの時が初めてだった。

ヨウ素は半減期が短いためあっという間に消えていったが（だからと言って影響が少なかったという訳ではないことに注意したい）、セシウム類は見えない存在感を示した。

あらゆるメディアでは、識者たちがその影響の予測を口にしていた。ある人は深刻に、ある人は楽観的に述べていた。あるキャスターは、チェルノブイリの取材の際に、道端で売っていたキノコを大量に食べ、後で線量が非常に高かったことを知って驚いたこと、けれど結局のところ健康被害はなかったと、少し自慢げに結論づけていた。彼は、何を視聴者に伝えたかったのだろう。

一方、政府から発表される情報は限定的で、何をどのようすればよいのかその明確な指針が示されたようには見えなかった。当初、食品の放射性物質汚染の安全基準は、1kgあたり500ベクレルであったが、途中から100ベクレルに引き上げられたが、その根拠もよく分からなかった。

足尾のクマも放射能に汚染されていた

私の住んでいる北関東で、日常が元に戻りつつあったある日、栃木県の足尾山地で有害捕獲されたツキノワグマの検体が手に入った。本来の目的は、胃の内容物や体毛の炭素や窒素の安定同位体比を用いての食性の解析、また歯牙を用いた年齢査定であったが、ずっと気になっていた、筋肉中の放射性物質の汚染の程度を調べてみようと思いついた。

セシウムなどを検出するための分析器はとても高価だ。当然ながら周囲になかったために、その頃雨後のたけのこのように分析を受託する業者が増えてきていた中のひとつに、なけなしの研究費を流用して依頼した。分析結果は想像通りながら、残念なものであった。

二つのセシウム核種の合計は規定の1kgあたり500ベクレルを大きく超えていたのである。そのツキノワグマの捕獲地点は、福島第一原発よりも直線距離で約150kmも離れていたにも関わらずだ。以前、環境中のダイオキシンが問題となったとき、ある研究機関と共同でダイオキシンとDDTの生物中の濃度を調べた際に、その結果に愕然としたことがあったが、今回感じた衝撃はそれ以上であった。農薬などと異なり、この静かだった日光足尾の山並みになぜ放射性物質がという、悲しみにも似た感触だった。

情報を開示したくない上層部

この時は、義憤に駆られてその結果を発表することにした。当時、放射性物質に関する話題は非常にセンシティブだったために、所属機関、ツキノワグマの捕獲された自治体に伺いを立てた後、捕獲された地域の記者クラブに結果をまとめ、投げ込みを行った。関東でのツキノワグマの放射性物質計測はまだあまり行われておらず、値も公表されていなかったのだ。

投げ込みをした後、責任としてしばらくメディアからの連絡対応のために待機をしたが、音沙汰がなかったために、再びフィールド調査に出た。

後で聞いた話では、投げ込みがしばらく記者クラブで放置された後、一社が気づき、その後雪崩を打ったように各社が飛びついたとのことだった。そのため、私が不在になった職場に問い合わせが殺到した。職場を経由してわたしの携帯電話が鳴り始めた。事実は、各メディアが誇張や誤解なくきちんと冷静に報道してくれたと思う。

この話には後日譚がある。私の所属する自治体の上層部が、市民を惑わすようなデータを、出先機関だけの判断で発表することは由々しき問題であると噛みついてきたのだ。

放射性物質の問題は、当時も、そして今も、行政にとって本当に悩ましい問題で、どのように公表するか判断が定まらない部分がある。よく言われるのが、〝風評被害〟の問題である。公表により、放射性物質が高濃度で検出された自治体の産物の売れ行きなどに大きな影響が出るというロジックだ。

たしかに、周囲が過敏に反応しすぎる嫌いはあるが、私は風評として捉えるのではなく、実際にそこにある解決すべき課題として捉えることが本筋だと強く思っている。

自治体によっては、市民からの開示請求に備えるために、放射性物質による汚染の程度を計測しないと判断している場合もあったようだ。計測していなければ、開示に応えなくても済むという消極的理由からだ。触れたくない気持ちは分かる。

クマの汚染度が高い理由とは

でも、それで良いのであろうか。原発から150キロメートルも離れた場所で、ツキノワグマが放射性物質による体内被曝をしていること自体がすでに、看過できない事実ではないだろうか。

よしそれなら、結果をどう発表するかは別として、私のクマの研究フィールド中での放射性物質の挙動を、もっときちんと調べてやろうというのが、私のその時の矜持であった（計測して聞かれたら答えなくてはいけないし！）。

ちょうど、京都大学野生生物研究センターの共同研究公募があったために応募を行い、計測のための資金を確保した。すでに秋が近づいていたが、メインのツキノワグマの生態調査の傍ら、時間を見つけてはフィールドに入り、栃木と群馬の広い範囲で土壌、果実、ツキノワグマの糞などを出来るだけ採取した。ツキノワグマの行動圏は、数十から数百平方キロにも及ぶためだ。

果実は秋が深まると地面に落ちてしまうため、どんどん澄んで高くなる空との時間の勝負であったが、幸い手伝ってくれる人もあって試料集めは何とか進んだ。そして、次々と核種の計測にかけていった。

結果は、興味深いものであった。まず分かったことは、森林内の土壌の汚染度が想像以上に高いことであった。最初は地表にほぼ均質にフォールアウトした放射性物質は、その後雨や風などにより、また土壌の性質により、分布の濃淡をつくっていくのだが、それにしても全体に高かった。次に、ツキノワグマの主食であるいろいろな果実への、土壌からの放射性物質の移行係数を調べてみると、これは予想以上に低いことが分かった。つまり、クマは果実を食べたとしても、そんなに放射性物資を体内に取り入れていないことになる。

疑問は、それではなぜ足尾地域のクマの汚染度が高いのだろうかである。答えは、ツキノワグマが果実を食べた際の糞と、アリの仲間を食べた際の糞の汚染度を調べてみて納得がいった。動物が口から食べた食物に含まれる放射性物質は、消化器管内で濃縮されて糞として排出されるので、一般的に糞中の濃度は高くなる。そうであっても、アリを摂食したときのクマ糞の汚染度はだんとつで高かったのである。

アリ自体が放射性物質を体内に高く持っているというよりも、クマが地表のアリを舐め取る際に、汚染された土壌をアリと一緒に体内に取り入れてしまった結果と想像できた。

放射能汚染は奥多摩までも

足尾が山火事や、かつての鉱山からの排煙などにより広範囲に森林を消失させたこと、そのために緑化が続けられている現在も比較的開放的な景観を呈し、アリ類にとって格好の住み場所である草原を広く有していることはすでに触れた。足尾のクマは夏の食べ物としてアリ類に執着しており、そのために放射性物質のより高い取り込みをしているのだろう。

同じような傾向は、チェルノブイリの放射性物質飛散により現在でも環境汚染が続くヨーロッパの、イノシシで報告されている。イノシシは土の掘り返しを行い、地際の食物を摂取するので、足尾のクマと同様に、どうしても汚染された土壌を取り入れてしまうのだ。

実際、北関東や東北では、イノシシの線量が他の野生動物に比べて高い。最高時には、キログラムあたり万ベクレルの単位の核種が検出されている。

正直に言うと、ここまでのツキノワグマの話は、限られたサンプル数からの定性的な話である。線量を計測するために、わざわざたくさんのツキノワグマを殺して、分析に筋肉を供することは現実的ではない。これまで、クマの線量は有害捕獲個体からしか計測していないのだ。

そこで最近は、他県で有害捕獲されたクマから採血したサンプルを用いて、血液中の線量と、筋肉中の線量の相関式をつくり、生きた個体の筋肉中の線量を推定することを試みているが、まだあまり良い結果を得ていない。この点は今後の課題である。

ちなみに東京都奥多摩山地で有害捕獲されたツキノワグマも試しに計測したことがある。100ベクレルには達しないものの、やはり数十ベクレル単位の核種が計測できており、広い範囲に原発事故の影響が及んでいることが示された。

クマの話から外れるが、茨城大学農学部のY先生と一緒に、外来種防除計画で捕獲されたアライグマの放射性物質計測を、震災前と震災後で比較したことがある。その結果は刮目すべきものだった。震災前には検出限界以下の値（つまりほぼゼロ）であった核種が、原発のメルトダウン後の5日後あたりから、突然上がり始めたのだ。高い個体では、数千ベクレル単位にもなっていた。結果は、それまでも日本の環境中に放射性物質が存在したなどということではなく、震災による原発事故がその原因であることをはっきりと示している。

山の幸、川の幸はどうなるか

放射性物質汚染の現状は、現在では様々な機関によって継続的にモニタリングされている。状況を判断して出荷制限もかかるようになった。農作物については徹底的なチェックによって、消費者の安全が確保されているだろう。福島県浜通りの人間生活空間での除染（表土の剝ぎ取りなど）は着々と進められており、立ち入り制限地域（現在は帰還困難地域）はだんだんと解除されてきている。しかし、一歩山に入れば、また違った景色が見えてくる。森林内の除染は事実上不可能と判断され、手のつけようがない状態だ。

最近、私は福島県の阿武隈山地で、増え始めているツキノワグマの数と、どこからやってきているのか（その遺伝的出自）を明らかにするための調査に着手している。帰還困難地域にも許可を得て入っている。体に付けた線量計が森林内で示す値は、場所によっては10マイクロシーベルトを超えてしまう。数十年という長い半減期を持つセシウム137から考えれば、森の中での楽しみは、少なくとも私たちの世代が生きている内には再び享受できなさそうである。

春の恵みである山菜も駄目、秋のキノコも駄目、山でのサカナ釣りも駄目、そしてイノシシなど獣の利用も駄目と、制限ばかりである。私は山での収穫物を味わうことに無常の喜びを感じている一人なのだが、もうその楽しみは諦めなければならない。

出荷制限はされていても、個人の責任で楽しむのはＯＫである。お年寄りたちは、もう先が長くないからと半ば諦めて、長らく親しんだ自然の恵みに口をつけている。しかし、本当にそれでよいのだろうか。アライグマの例が示すように、それまでの値がゼロであったものが、事故後にどんと跳ね上がった事実を知ってしまうと、たとえ基準値以下であっても気持ちの中にざわつくものがある。

足尾に話を戻せば、その後お隣の日光も含めて、放射性物質由来の多くの規制がかかった。渡良瀬川上流部のイワナは線量が高いために禁漁となり、中禅寺湖でも同様の理由で釣った魚の持ち帰りが規制された。

震災後の初夏に、クマを研究する仲間が集まって、気晴らしの幕営をしたことがある。なんだか日本全体がぱっとしないので、しばらく封印していたテント泊の山歩きをしようという話になった。まあ、学位論文の執筆に行き詰っていた学生がいたのも事実であるが。一応、しばらく行方不明のクマを探すことを目的として、テント、寝袋、炊事道具、それに一番大事な大量のアルカホール類を詰めたずっしり重いザックに、さらに無線機やアンテナを加えて川の源流部を目指した。

何度も川を渡渉して奥に進み、クマの探索の後の夕まずめに毛鉤を振った。満点の星空の下、小さな焚き火をつくり、イワナをじっくり焼き上げた。香ばしい脂をしたたらせるイワナと、沢で冷やしたビールは絶妙の組み合わせで、皆で何度もその喜びを噛み締めた。しばらく後、その一帯のイワナの線量が高いことが判明して、禁漁措置が取られたのであるが…。

原発事故という人災を忘れない

放射性物質により汚染されていることが分かったところで、どのような生理的な影響がその動物に起こっているのかはよく分かっていない。チェルノブイリの事故についても、その点に関する報告は限られており、少ないデータを基にした判断の難しい議論が続けられている。科学的に影響がないと言い切ることは難しいし、さりとてあると言うこともまた難しい。

日本の報告は、福島のサルと、もっと北のサルの血液サンプルを利用して、白血球数を比較したものがある。福島のサルは白血球数が多く、体の内部で何らかの炎症のようなことが起こっている可能性に言及している。胎児の成長に遅れがあるという報告も最近出た。

今回の原発事故で起こったことは、全体的に眺めれば、野生動物の低線量被爆ということができる。しかし、低線量被爆の影響を捉えることはとても難しい。ツキノワグマの例で言えば、足尾地域では原発事故前、そして事故後に生け捕りした同一個体から採取した血液サンプルが、多数冷凍保管されている。ゲノム解析を行った上で、事故前と事故後の遺伝子レベルでの変化を捉えることで、体内低線量被曝の影響を評価することができるかも知れない。

少し前の話になるが、東京にオリンピックを招致する際に、日本の安全性を何とか強調するためにか、福島はアンダーコントロールにあるとの発言が某政治家からあったことを思い出す。百歩譲ってアンダーコントロールだとしても、この人災からはこの先数十年は逃れられないことを決して忘れてはいけないと思うのだ。

足尾山地で対面のツキノワグマを観察するアメリカ、ノルウェー、日本の混成チーム。

野生動物の取り扱いと倫理

家畜、愛玩動物、そして野生動物も含めて、取り扱いの倫理規定は年々厳しくなってきている。その他の動物について私は詳しくは知らないが、野生動物については、多分、これまでの研究者の側の意識に不十分な部分があったのだろう。噂も含めれば、随分とずさんな取り扱いもあったように思う。私たちにもその傾向はあった。ただし、そうであっても、最近の動物福祉に関する世界の流れは想像以上に急テンポだ。

本書でも名前を紹介したジェーン・グドールさんは、チンバンジーの観察に、それまでと異なった手法、すなわち人付けを用いて新たな地平を開いた。研究手法の代表的なものは、餌付けによるものだったのだ。しかし、最近の倫理規定では、人付けさえも否定されている。懸念の理由は、人畜共通の伝染病に対象動物が罹患するリスクが高まるからだ。

研究者が研究の成果を発表する場にはいろいろあるが、もっとも代表的な場は、またその価値を問われる場は、査読のある科学雑誌である。現在、科学雑誌の多くは、研究対象の動物の取り扱いについて、倫理規定に基づいた研究を行ったことを明確に示さない限り、査読の前段階で著者に差し戻す例が増えている。したがって、大学、研究機関、関連学会はそのガイドラインや、動物取り扱いの際のプロトコル（手順）の整備に躍起だ。

ニュージーランドの野生生物管理について現地に入り少し調べたことがある。向こうでは、キウイなど捕食者がいない環境に適応した特異な生物種を守るために、徹底した外来種防除を進めているが、その際にちょっと驚くほどの倫理規定を設けている。

一例を挙げると、ニュージーランドでは外来種となる、ネズミ類、オコジョやイイズナなどのイタチ科の外来種の防除捕獲に関しては、はじき罠を用いて捕獲を進めている。この罠の仕様が、幾多の試験を経て決められているのだ。

はじき罠は、ばねで作動する金属板に挟まれて対象動物が圧死するが、挟まれた際の動物の脳波などを繰り返し計測して、速やかに安楽死させられているかを外部委員会で判断している。不必要な苦痛を対象種に与えていないと認証された罠だけが、実際に供されているのだ。そうした罠にはその旨が明記されている。

少し前に、倫理問題について私の所属する日本の学会で議論をしたことがある。明らかになったことは、この点に関して、日本の研究関係機関は、まだまだ不十分な態勢と、基準しか整備していないことだった。

せっかくの機会なので、欧米のクマの人たちにも倫理規定について尋ねてみた。北欧のノルウェー、北米のカナダやアメリカのクマ研究者たちから詳しい情報をもらったが、そのガイドラインやプロトコルは微に入り細に入りであった。

外部評価も含めて、研究が本当に必要なものか、その手法は動物に対して最小限の負担、また研究成果には最大の成果が期待できるかが厳しく審査されるのだ。

こうした流れのすべてが正しいとは思えない部分もあるが、もはや、常に心に留めておかなければならない時代になったのだ。

私の周りだけのこととも思うが、噂がある。動物に負担をかけると、そのバチがてきめんに返ってくるという、あな恐ろしいものだ。

学生の時、シカの研究をしていた話はすでにした。テーマのひとつに、山で斃死したシカの年齢を調べることがあった。持ち帰った下顎骨臼歯の歯根部を切断、研磨してセメント層の年輪を数えるのだ。歯根部を見るためには、下顎骨を彫金用カッターで切断して、歯槽に埋まっている臼歯を掘り出す必要がある。排気ドラフターの中で、あの嫌な歯医者の匂いを嗅ぎながらの黙々とした作業だ。

そのような中、アフリカに数年間行くことになった。うんざりする数のワクチン接種ともうひとつ、親知らずを抜くことを勧められた。現地には歯医者など無論無く、不安材料は少ない方が良いからだという。早速、大学近くの歯医者に行き、上顎の左右2本の親知らずはあっさり抜けた。ところが下顎が難題だった。親知らずが斜めに萌出しており、前方の臼歯にぶつかった結果、歯根部が曲がってあぐらをかいていたのだ。

女医さんの苦闘が始まった。すっぽり抜けないので、歯槽をノミで削り、親知らずをドリルで割り始めたのだ。骨と歯のかけらをピンセットで除き、時々レントゲンを撮って状況を確かめる。口腔中が血だらけで、状況が良く確認できないらしい。麻酔も切れてきて痛い。

だいたい私は、人間の血を見ると体から力が抜けるたちなのだ。女医さんが思わず漏らす、「あまり強く削ると、顎が折れるのよね…」、うれしくない独り言だ。ボーッとする意識の中ではたと

KUMA Column ⑨

思いあたった。なんだか私がシカの下顎骨を削っている様子とうり二つなのだ。

格闘すること2時間。女医さんがさじを投げた。「もう、無理」、「腫れが引くのを待って、口腔外科に行ってくれる。知り合いの医者を紹介するから」。

その後、腫れが引くまでの2週間、口が開かないので流動食で過ごし、口腔外科で本格的な手術を受ける羽目になった。これを周りの人は、シカの呪いという。

ノルウェーをクマの共同研究で訪れた機会に、ヨン・マーティン教授にムース・ハンティングに連れて行ってもらったことがある。この時は、研究そのものではないながら、借りた銃で目の前に現れたムースを思わず撃ってしまったところ、狙いがはずれ、ムースの左膝に当たってしまった。帰国してすぐにロシアの調査に転戦したのだが、なんということか私の左膝がいうことが効かなくなった。歩くと激痛が走るような状態になってしまった。

帰国して整形外科での診断は、半月板の損傷であった。ぎざぎざにささくれて割れているという。生まれて初めて全身麻酔を受け、半月板の大半を削り取る手術を受けることとなった。しばらくは、松葉杖の生活を余儀なくされた。真実は、長年の山歩きが祟っての損傷だが、周りの人は言う、ムースの呪いだと。

クマに直接負担をかけた訳ではないが、その調査のために、ひどく悲惨な状況に陥ったこともある。話はこうだ。夏のクマの食物として、アリがとても重要な位置づけにあることが分かった。ただし、そのアリがどのくらいのカロリーや栄養成分を持っているかが分からない。

そこで、アリの種類ごとにそれらを調べる必要が生じたのだ。これは簡単な作業ではない。分析器にかけるためには、アリの種類ごとに数十グラムのサンプルが必要なのだ。小さいアリを数十グラム集めるために、数人の仲間たちと、来る日も来る日も地面にしゃがみ込んで気が遠くなりながらアリを集めた。

石をひっくり返し、アリのコロニーを見つけると、吸虫管と呼ばれる特殊な機器でアリを吸い込む。ガラス管がコルクの栓で蓋をされており、このコルク栓に二本の曲がったガラスチューブが差し込まれている。その一方をアリに当て、もう一方を思い切り吸い込むとアリがガラス管の中に吸い込まれてくる仕組みだ。

ただ、アリの強烈なギ酸でひどくむせることと、土や小石も飛び込んでくるので、口の中がジャリジャリとしてひどく不快だ。石をひっくり返し、しゃがんでアリを吸う、この延々ループの際中で、異常に気づいた。尾籠な話しながら、肛門に違和感を覚えたのだ。いわゆる脱肛というやつだ。もっと簡単に言うと痔だ。

体への負担を減らすために、充電式掃除機を改造した、通称〈アリ吸い君〉なる新兵器も後半戦では開発して投入したのだが、すでに時遅しであった。

あまり詳しく書くことは恥ずかしいが、調査がすべて終了した時には、違和感は常態化してしまい、手の施しようがなくなっていた。

初めてくぐったその筋の専門病院の先生の一言は、「これは大きいな。すぐに手術しよう」という無慈悲なものだった。手術自体は麻酔もあり危惧したほどのことはなかったが、その後が悲惨のひとことだった。トイレのことを考えると、食べ物を取ることをあっさり諦めて惜しくないほどの激痛なのだ。

その時は本当に、もうこれから一生普通の生活には戻れないのではないかとの悲痛な思いを抱いた。手術を受けたことのある人なら、絶対にうなずくはずだ。

手術からしばらく経ったあたりに、以前からの予定として、某テレビ局の生放送で、アイドルを相手にクマの話をするという番組が入っていたのだが、キャンセルした。ディレクターからは、「ドア・ツー・ドアで、ハイヤーで送迎をしますので何とかなりませんか」、とまで言われたのだが、椅子に座ること自体、丸い変なクッションがないと無理な状態なのだ。

「とても無理です」と脂汗を流しながら、電話口で応えるのが精一杯であった。アイドルのサインを楽しみにしていた、あるクマの人は、大変がっかりしていたが仕方が無い。

この時、切除した私の一部は医者から押し頂いて、今も大切に保管している。また、苦労の甲斐あって、アリの栄養を分析した結果は、論文として結実している。でも、周りの人は言うのだ。日頃、クマに負担をかけている呪いだと。

私の方でも、周りに何か悪いこと（こちらにとって面白いこと）があると、何とか因果関係をねつ造してでも言うのだ、「それは動物からの呪いだな」と。

6 クマを愛する〝クマの人たち〟

6-1 奥多摩の猟師、国太郎さん

東京都でのクマ猟は、2008年4月から東京都知事名により全面禁猟となっている。しかし、平成の時代に入ってからも、クマを撃つ技術を持った猟師の集団が存在した。

私がこの地でクマの研究を開始した1990年代はじめの時点でも、奥多摩町に2グループ、檜原村に1グループ、五日市町（現あきる野市）に1グループ、青梅市に1グループが存在した。それぞれに、巻き狩り、冬眠中の穴撃ちといった得意の猟法でクマを獲っていたのだ。加えて、それらのグループに属さずに、忍び猟などの単独猟に勤しんでおられる方も少しだがいた。

クマだけを専門に狙う訳ではなく、イノシシや、1990年代以降に分布域を拡大したシカも獲ったが、そんなにたくさん獲れるものではないクマは、やはり格別なものだったようだ。

檜原村北秋川のHさんは、一日の猟を終えて仲間内で囲むクマのモツ鍋は、イノシシのモツなどと比べて、脂がすっきりとしていてそれは旨いものだとよく話してくれた。

猟師の多くの方はすでに故人となってしまったが、猟の話をする時には、皺が刻まれ普段は寡黙なその顔がひっそりほころんだことを思い出す。

国太郎さんとの出会い

奥多摩の猟師でもっとも印象に残る方は、奥多摩町峰谷に住んでいた国太郎さんである。その地域は同姓の人が多いので、親しみを持って名前で呼ばれるのが普通だ。1992年にはじめてクマ猟についての聞き取りをして以来、クマの調査の際にはご自宅前を通ることが多いこともあって、ちょくちょく立ち寄らせてもらった。

国太郎さんは、東京都民としてはもっとも標高の高い、急な斜面に居を構えていた。生まれは、1925年（大正14年）であった。長年の山仕事のためか腰に持病を抱えていらっしゃったが、町に住むお子さんたちの誘いを受けずに、奥さんとお二人で大好きな山で暮らしていた。

60代までは、それこそ天狗のように山を駆け回っていた。たとえば、国太郎さんは石尾根という雲取山に至る主尾根の南側に住んでいるが、当時は所有するワサビ田が石尾根の北側、唐松谷の方面にあり（日原川の源流域のひとつにあたる）、栽培のシーズンには、毎日作業のために自宅とワサビ田を往復していたのだから想像を絶する。普通の人なら片道3時間はかかる急な登り降りである。

国太郎さんは、炭焼きや焼き畑にも従事した。炭焼きの最中は、寝食を惜しんで働き、釜出しした炭の山を背負って、夜中の山道を提灯の明かりで歩くことも普通だったという。まあ、我々と比べること自体がどだい無理な筋金入りの山の人である。

国太郎さんが狩猟を始めたのは１９４６年で、終戦の翌年からだ。昭和の初期頃までは、奥多摩の峰谷地区をはじめ、日原地区、檜原村にも個人単位で狩猟や釣りを生業にする人たちがいた。峰谷地区には、各部落の猟師が集まって行う「鉄砲祭り」という行事があって、毎年10月15日の開猟日と4月15日の納猟日（当時）に行われていた（ちなみに現在の猟期は11月15日から翌年2月15日まで）。

猟師の黄金期

民俗学者の田口洋美氏によると、近世から近代に猟師の最盛期は二期あったそうである。

ひとつは１７００年頃（宝永年間）～１９３５年（昭和10年）頃までの時期で、害獣としての鳥獣を為政者が奨励して積極的に村雇いの猟師に獲らせた時期である。今ひとつは、その後の太平洋戦争の終結（1945年）までの時期で、軍部が軍服や飛行帽の耳当てなどに毛皮を欲しがったために、猟師がムササビなどをこぞって獲った時期になる。まさに猟師の黄金期といえ、非常な高収入が約束されていた。

かつて奥多摩に存在した職猟師の実態は、今となっては判然としないが、こうした需要に応える形での狩猟であったのであろう。奥多摩町峰谷でも、夜に飛ぶことから「バンドリ」、あるいはその鳴き声から「ギー」と呼ばれるムササビを、良い月夜の晩には、1日に5～6頭も獲った吾作さんという専業猟師がいたことを、国太郎さんが話してくれたことがある。といっても、国太郎さんが子どもの頃の話だそうだから昭和のはじめ頃だろうか。

国太郎さんが猟を始めた1946年は、すでにこうした猟師の時代は斜陽に差し掛かっていた。そのため、国太郎さんは前述のように炭焼き、焼き畑、さらにワサビ栽培、林業などで生計を支え、猟は副収入という位置づけだった。

それでも、奥多摩湖（小河内ダム）が竣工（1957年）する以前は、現在の湖底に獣の皮や肉を買い取ってくれる「スナヤ」という仲買店があり、良い値で売れたそうである。

クマの話から少々ずれるが、一般的な日当に換算して、ムササビ＝7日分、テン＝20日分、タヌキ＝30日分、リス＝1日分だったそうである。特にタヌキは黒い毛皮としてヨーロッパで珍重されて、輸出向けに需要が高かった。地元では、暮れのお歳暮として、ヤマドリのオスとメスを揃えて贈る風習があり、その引き合いが多かったという話も興味深い。

すべての獣肉は貴重品だった

それでは、国太郎さんが猟をはじめた当時のクマの様子はどうだったのであろうか。

国太郎さんによると、戦後間もなくの頃は、クマはおろか、シカすらも集落周辺で見ることは珍しく、そのような大型獣を獲る際は、雲取山周辺に食糧を担いで上がる重労働だったそうである。富田治三郎さんの小屋に一週間ほども寝泊まりしての猟だったが、シカが1頭も獲れれば良く、クマはたまに出くわす程度だったという。富田さん（1902〜1959年）は、雲取山の鎌仙人と呼ばれ、多くの山関係者に慕われた人物である。日原側の唐松谷から雲取山に至る、富田新道などが私たちに今でも馴染みのあるところだ。

国太郎さんの話からは、すべての獣肉は貴重だったことがうかがい知れる。

今では禁猟のサルも、前述の吾作さんの時代には食べられていたという。病気の時だけ口に出来る貴重なものだったということから、あるいは薬としての意味もあったのかも知れない。

私も実は一度、クマの研究仲間と有害捕獲されたサルの肉を口にしたことがある。先入観をなくすために、何種類かの野生動物の肉と一緒に番号だけを付して机に並べて片端から食べたのだが、皆の一番の人気はそのサル肉だった。くせがなく、噛めば噛むほど味が深かった。

　話が脱線したが、吾作さんの猟場は、今の奥多摩湖北岸の水根沢のあたりの非常に急峻な悪場だったらしい。ちなみに、冬に水根沢のあたりにサルの群れが下りてくると、天気が三日と持たないと言われたそうだ。

「お父さんが元気なうちに」

「国太郎さん、つい最近お亡くなりになったそうですよ」

　久しぶりにお会いした、町役場のAさんが残念そうに教えてくれた。

「しまった。間に合わなかったか…」

　一瞬、次の言葉が出なかった。思えば予感はあった。最後にきちんとお話をしたのは、某テレビ局のバラエティ系科学番組の取材でクマ探しにレポーターを連れて山を歩いた際に、ご自宅にちょっと立ち寄った時であった。

　何しろ国太郎さんの自宅の周りには、クマはもちろん、サル、シカ、イノシシが跋扈しており、その時は物置の味噌樽をクマに全部舐められてしまった話を、カメラに向って飄々とお話してくれた（結局このクマは駆除され、遺体は当時私の勤務していた自然史博物館に収容された）。ただ、何となく全体に線が弱くなり、目にも力がなくなっていたのが気になった。

「今度、国太郎さんに昔の話をゆっくり聞きに来るからね」

取材の合間に耳の遠い国太郎さんの代わりに、少し離れて立つおばあさんに耳打ちすると、

「いくらでもいいけど、お父さんが元気なうちに早く来ないとだめだよ」

と笑いながら応えてくれた。

国太郎さんは長年の山歩きが祟ったのか、腰に加えて膝も悪くなり、しばらく前に銃を返納していた。それでも、狩猟、川魚漁、炭焼き、焼き畑、ワサビ作りといった昔の山での暮らしの話はとても面白かったのだ。

本当のところは過酷で休む暇のない大変な生活だったと想像できたが、それを微塵も感じさせない柔和な笑顔で訥々と話してくれた。

それで、いつか国太郎さんの体験した昔の生活を聞き取って、本にまとめられたらという密かな思いがあった。しかも国太郎さんは、国太郎さんよりもさらに古い世代の、職猟師・職漁師たちのことも良く記憶していたのである。

「クマも悪ささえしなければいいんだが」

東北や北陸を中心に、昔の山での暮らしを聞き書きした書籍が数多く出版されているが（たとえば白日社の山人の聞き書きシリーズは秀逸だと思う）、奥多摩の話はいくつかの報告書にその断片的な記録を見るだけで、いつも残念に思っていた。実はそのためのＩＣレコーダーもすでに買ってあった。

ちょうどその頃、私は長い間慣れ親しんだ博物館の世界を出て、大学で次世代の教育に携わるようになっていた。その大学の実習施設が奥多摩にあるため、これで国太郎さんの家にしばしば寄ることができるぞと、小躍りしていた矢先の訃報であった。

テレビ取材の後も、クマの麻酔作業などで山に入り、国太郎さん宅の前を車で通り過ぎる度に、いつも気にはなっていた。

時々、国太郎さんと奥さんが畑の脇で何をするでもなく座っていたりして、簡単な挨拶は交わすこともあった。国太郎さんの家は、日当たりの良い山の斜面にあって、峰谷の中では真っ先に暖かい太陽が差し込んでくるのだ。けれども、採取したクマの血液サンプルを早く処理しなければと気が急いたり、また次の仕事が待っていたりと、いつも後ろ髪を引かれる思いでその場を後にした。

「クマも悪ささえしなければ、いいんだがね。それでも、やっぱりあれは山仕事をするときには、面倒だねえ」

何回も聞いた言葉であった。国太郎さんにとってクマは対峙すべき対象であったことは間違いない。真の意味で山に生活する人たちは、排除しなければならないものに手心を加えることは通常ない。

本当はどんな風に思っていたんだろう

国太郎さんから何度も聞いた話がある。

その時、国太郎さんは石尾根を越えた日原側のワサビ田での作業の帰りで、背中に大きな荷物、両手にも荷物を抱えて痩せた尾根を登っていたそうである。突如、尾根の前方に、親子のクマが現れた。

さすがの気丈の国太郎さんも、両手は塞がっているし、もちろん銃も持っていない。本当に焦ったそうである。クマの親子もびっくりしたことであろう。狭くて逃げ道のない尾根上での出来事だった。

とっさの判断なのか、クマの親子は走り出し、そのまま国太郎さんの方に突進してきた。国太郎さんはもう仰け反ってよけるしかなく、しかし背中の荷物が幸いして亀の子のようにひっくり返った。その上を、お母さんグマ、子グマの順でぴょんぴょんと軽やかに飛び越えて行くという、漫画のような場面であったという。

まあ、繰り返しちょっと面白そうに話すので、いつか、「本当はそんなにクマは怖い動物と思っていないんじゃないですか」と聞こうと思っていたが、果たせずじまいとなった。

国太郎さんは、お母さんグマが撃たれて残された子グマを大事に育てたこともある。国太郎さん宅の居間には、子グマとじゃれあうその当時の微笑ましいモノクローム写真が数枚貼ってあった。厳しい言葉とは裏腹に、そんなにクマを厄介に思っていなかったのではないだろうか。

しかし、もう遅い。いくら悔やんでも悔やみきれないが、国太郎さんだけが知っていた奥多摩の昔の暮らしは、これで国太郎さんと共に永久にお墓に入ってしまった。

それでも私個人は、クマの研究を進める上で、さらにはクマの管理や保全を考える上で、国太郎さんからたくさんの気づきをもらうことが出来た。それは、貴重な私の財産だ。

都会に住んでクマを守れと言うことは簡単だ。でも、山で本当の生活をしてきた人が語る言葉のひとつひとつ、そしてその自然観には百万トンの重みがある。私は、国太郎さんに最初に会えたおかげで、先入観にとらわれずに、ニュートラルにクマや自然を見ることができたと思っている。

国太郎さんのご冥福を心からお祈りするばかりである。

6-2 クマの女の人たち

野生動物の研究者には、すぐれた女性研究者が多い。チンパンジー研究で名を馳せたジェーン・グドール博士しかり、ゴリラの研究に文字通り心身をささげたダイアン・フォッシー博士しかりである。

イギリス出身のグドールさんは、独学に近い形で研究を出発させて突き進み、チンパンジーの行動に関する世界を驚かす発見をした。優れた業績により、博士号だって取得している。その後の活動は、財団を設立しての保全や普及啓発にも広がった。

アメリカ出身のフォッシーさんも、幾多の困難をトルクで乗り越えてゴリラ研究を続けながら、保全にも腐心した。決して揺らぐことのない一貫した姿勢は、地元との間に軋轢を生むほどだった。最後は、何者かによって命を奪われる悲しい結末を迎えた。その生涯は、1989年に映画にもなっている。彼女たちのすごいところは、研究の成果もさることながら、周りのつまらない意見に屈せずに信念を貫き通すことである。その姿勢は、痛快極まりない。

カレン、ガブリエラ、小坂井さん

クマの研究者の世界でも、活躍する女性研究者は多い。

元ミネソタ州野生動物局のカレン・ノイスさんは、自然派志向の生活を愛する、クマ研究者の間でのお母さん的な存在だ。同僚のデーブ・ガーシェリス博士と共に、アメリカクロクマの生態に関する優れた研究を進め、成果を適切なクマ管理のための実学として存分に活用した。

家庭では母親として、自分の子供に加え、養子に迎えた娘の面倒を見ながらだったのだから、本当にすごい。仕事と家庭の両立のために、時間の使い方には無駄がない。国際クマ学会（IBA）の役員も長く勤め、最後は代表にも就任した。役員会には男性のクマ研究者が多いので、時として議論が伯仲して剣呑な雰囲気になることもあるが、カレンがその穏やかな口ぶりで仲介に入ると、場が不思議なくらい和んだ。だからこそ、皆のお母さんなのだ。

国内外を問わず、〝クマの人たち〟はグラスを片手に語らう時間を愛するが、カレンもいつもそこにいた。そうして、激務の中でのバランスをとっていたのだろう。今は職場も定年退職して、クマ関係の集まりに顔を出しては、さらに穏やかな雰囲気を見せ、時間を楽しんでいる様子だ。

オランダ人のガブリエラ・フレデリクソンに初めて会ったのは、1996年にアメリカ・テネシー州で開かれたIBAだった。共にポスター発表で、隣にガブリエラがいたのだ。

短髪に、すらりとした姿勢でピシッと立ち、あたりを睥睨していた、その瞳はライトブラウンで相手を射すくめるような鋭さがあった。握手も女性なのに異常に力強く、何と言うかソルジャー、それもスナイパーだと直感的に思った。そういえば、オランダはたくさんの優れた格闘家を輩出してきた国だ。

ガブリエラはその後いくども会議で顔を合わせ、日本にも二度ほど来たはずだ。徐々に分かってきたことは、インドネシアに単身乗り込んでマレーグマの生態研究を行ってきたが、途中で森林の伐採や密猟がクマに与えている影響に我慢できなくなり、保全活動に身を投じていた。研究はひとまず諦め、保全のための教育普及活動を展開することを決意したのだ。

カリマンタンに孤児のクマを収容するための保護施設、隣には市民にマレーグマの置かれている状態を示すビジターセンターまで建設した。ゴリラのフォッシーさんの姿がダブって見えた。不退転の決意を持った研究者であり、世界中の〝クマの人たち〟に愛されてきた。そのストレスからか、大病もしている。つい最近、長い期間がかかったが博士号も取得した。ただ、途中からなぜかどんどん恰幅がよくなり、ソルジャーと呼ぶには柔和な雰囲気になっている。

日本にも何人ものクマを研究する女性がいる。その中の一人である小坂井千夏さんは、学生の時代から、足尾や奥多摩で研究プロジェクトに携わってきた。柔道部OGということもあり、体育会系のど根性がある上に、何よりクマへの愛が尋常ではない。クマ界のグドールさんを目指し、一時は山に篭りきりだった。大学院時代には、足尾の山麓に一軒家を格安で借りて、移り住んでしまった。

クマの麻酔不動化作業への皆勤を目指し、どんなに糞尿でべとべとのクマであっても、臆することなく抱きしめた。有害捕獲で撃たれたクマあると聞けば、すぐに駆けつけて躊躇せずに愛車のくたびれたジムニーに積み込む。腐敗が進んでいてもだ。したがって、車はいつもクマ臭く（〝クマの人たち〟ならピンと来るあの匂いだ）、さらに彼女自身からもいつもクマの匂いが漂っていた。もっとも、むしろそのことを誇りにしている風もあったが。

結婚と出産を機に、クマのフィールドから遠ざかって久しいが、そのうちに復帰してくれるだろう。そういえば、二人いる息子の名前に、〝熊〟の一文字を入れていて凄い。その名を、よし熊君とはる熊君という。

豪快なメイシュウ・ワン

クマの女性研究者で、忘れてはいけないのは台湾のメイシュウ・ワン博士だ。皆は親しみをこめてメイと呼ぶ。短髪でひょろりとしており、身のこなしに無駄がない。握手が強いのはガブリエラに似ている。

もともと日本人の耳には中国語は喧嘩をしているように聞こえるが、メイのしゃべり方はそれに輪をかけて激しい。話し始めると、弾丸トークは留まることを知らない。合間には、ハハハッと男のように豪快に笑うが、厚いレンズのめがねの底には、温かい目が笑っている。

メイは、台湾でのツキノワグマ研究の嚆矢となっただけではなく、揺らぎない信念の元に、クマの保全に時間のすべてを捧げている。〝クマの女の人たち〟は、どうして皆、こうと決めたらわき目をふらないのだろう。壁があればよじ登り、登れなければ穴を穿ってでも突き進む。何より、クマが好きで、そして心配なのだ。

もともとはメイは、台湾の哺乳類学のパイオニアである、台湾師範大学のイン・ワン先生の下で勉強をしていたが、渡米してミネソタ州のデーブ・ガーシェリス博士の指導で博士号を取得している。台湾に帰国してからは、台南にある国立大学に教員のポジションを得たが、きっと徒手空拳の毎日だったと思う。

台湾のツキノワグマ事情

ここで、台湾のツキノワグマ事情について触れてみたい。台湾も日本と同様に島国ながら、多様な動物たちが生活している。標高4000mに近い山岳地帯をかかえるなど、生息環境が変化に富んでいるからだ。いくつか挙げると、ツキノワグマ、サンバー、イノシシ、タイワンカモシカ、カワウソ、ヤマネコ、キョン、センザンコウなどがいる。この中では、クマ、ヤマネコ、カワウソなどの食肉類がどれも絶滅が危惧される種だ。かつては、タイワントラ、タカサゴトラとも呼ばれた中型のネコ科動物のウンピョウも生息したが、２０１３年に絶滅が宣言されている。

食肉類の危機的な状況は、大事な生息環境である森林が人によって強度に使われてきたことに加え、過剰な捕獲圧の存在も見逃せない。農産物、水産物、家畜に被害を与えるために農民などによって捕獲されたことと、先住民族（台湾では原住民族と呼ぶ）による特権的な捕獲だ。

現在、台湾では狩猟は合法的には認められておらず、同時に一般市民の銃の所持も禁止されている。一方で、先住民には特例が認められていて、罠による野生動物の狩猟ができるほか、山地帯に住む先住民だけは銃の使用も大丈夫だ。といっても、製品として販売されている散弾銃やライフルの使用はだめで、現地でマスケットと呼ばれる先込め式の手製の銃になる。先住民が、どれくらいの動物を獲っているのか、その実態の把握はなかなか難しいようだ。

台湾のツキノワグマは、１９８９年に文化資産保存法により絶滅危惧動物として指定された。分類的には台湾だけに生息する亜種である。東アジアの温帯に生息する他のツキノワグマと異なり、冬眠しないことが特徴だ。台湾の温暖な気候により、冬であっても食物が欠乏しないことが理由だ。過去には、低地から高地まで広く分布したが、現在の分布の中心は、標高２０００mから３０００mの場所になる。人が近づきにくいことと、食物が安定的に供給されるためだ。

最近の心配は、山地にも道路が張り巡らされてきており、人が簡単に近づけるようになりつつあることだ。生息数は、およそ200〜600頭程度（情報が少ないために推定値の幅がとても広くなっている）が残るだけとされる。

「研究者は保全のために何ができるか」とメイは言う

メイが1998年から台湾で本格的なクマの研究を始めてショックを受けたことは、発信機を装着するために生け捕りしたクマ15頭の内、なんと8頭の手や足が欠損していたことだった。山のあちらこちらに仕掛けられた、くくり罠と呼ばれる無差別に動物を捕らえるワイヤーやナイロン製の罠に手足を絡め取られたせいだ。逃れるために自分で手足を引きちぎった場合もあっただろうし、幸い罠が切れた場合も、締め付けられた手足は最後には壊死したのだろう。

クマは、先住民の信仰の対象になっているものの、世代の交代と、加えて胆嚢や熊掌への需要増加によって、捕獲への制限が機能しなくなっていることも背景にあるようだ。

メイにとってこうした事態はとても看過できないことだった。状況を改善しないことには台湾からクマが姿を消してしまい、研究どころの騒ぎではない。

最初のメイの試みは、クマの保全の国への強い働きかけであった。成果は2012年に台湾政府が公表したツキノワグマ保護のためのアクションプランとして実った。しかし、プランが作られても、それが実際に機能しなければ不十分だ。

次にメイの取り組んだ活動は、プランの中に盛り込まれた「普及啓発と教育」という項目を実質的なものにすることだった。この部分のすべてを政府に期待することは無理と判断して、自前のＮＰＯである「台湾ツキノワグマ保全協会」を立ち上げたのだ。

クマは、広い行動圏を持つため、様々な関係者と保全のための合意形成をあらかじめ構築する必要があり、そのためにはあらゆる年齢層、立場の市民への教育活動の展開が必要なのだ。メイの現在の戦略は、保全教育を地域住民や先住民などのコミュニティに広く行うことだ。

すでに300名以上のボランティアを育成して、数百回の学習会やクマの特別展示会を実施している。鮮やかな動きである。協会の職員にはメイの育てた学生も積極的に登用している。これまでに、30人近くのクマ研究を行った大学院生を修了させているのだ。

ＳＮＳを利用した情報発信も効果的に行っている。そこには、大統領を始め著名な政治家、大企業の役員、有名な俳優と一緒にメイの姿が踊る。〝クマの人たち〟が得意としないロビー活動にも物怖じしていない。企業などからの寄付は、すでに120万ドルを超える。

とはいえ、メイはメイだ。研究もきちんと継続している。めがねの奥のどんぐり眼が次に光るとき、一体どんな仕掛けが起こるのか、今からとても楽しみだ。メイの金科玉条は、「クマの研究者は、保全のために何ができるか」だ。

研究費を確保せよ

20代の頃、アフリカで働く機会を得て驚いた。一番近くの町から150㎞離れ、雨季には孤立する渓谷沿いに点在する集落に、欧米からの学生たちが調査で滞在していたのだ。草ぶきの簡素な家に住み、井戸水を村人と一緒に苦労して汲んでいた、10代の女子学生もいた。

皆、別々のルートで調査地に入り、別々の場所に拠点を構えていた。私はライオン調査の道すがら、手紙を預かったり届けたり、生活のための物資を頼まれたりした。時々はお茶を飲ませてもらって話などもした。

その時、私に衝撃だったのは、この地での滞在費用は、企業などを回って寄付を募ったり、関連する財団の助成金を獲得したりして、自分で確保していたことだった。それは当然という雰囲気だった。オックスフォード大学の19歳の女子学生は、何度も企画書を書き直し、いくつもの会社を飛び込みで回り、石油系の会社から資金を得たという。

後で、ベルギー人のアフリカゾウ研究者と雑談をした際に、ベルギーの大学では、研究資金を獲得するノウハウを教える授業があることを知った。魅力的な申請書を書くための実践的な授業だそうだ。

当時、日本の大学の研究室は、武士は食わねど高楊枝的な、赤貧をよしとする雰囲気があった。調査の費用も手弁当だった。誰かにお金を出してもらうことを潔しとせず、研究の中立性を保つ意味もあったのだろう。私は今でもその心意気を愛するが、アフリカでの体験は強烈であった。

帰国してすぐ、その手の海外書籍も手に入れ、奥多摩でのクマ研究のため、民間財団の助成に

KUMA Column ⑩

申請してみた。ある日、財団事務局から電話が入った。「採択の候補に残っているが、いくつか計画に心配なことがあり、ついては審査員の一人の面接を受けてもらいたい」、というものだった。審査員は、当時の東京都恩賜上野動物園園長の増井光子博士であった。動物園の園長室を訪ねてみた。一応、ネクタイなども締めてみた。

増井さんは満面の笑みで迎えてくれ、その第一声は、予想を覆すものであった。「よく来てくれました。他の審査員はあなたの研究が本当に実現可能か心配していますが、私はあなたを推すことをもう決めているので心配しないで下さい」。

面接は形式的なことで、その後は増井さんの好きな動物の話に終始した。こうして私自身のクマ研究がスタートしたのだ。3年間、当時としては大きな額の助成金であった。増井さんの話では、委員の多くは、東京に研究の対象になるほどの数のツキノワグマがいることを知らず、ブレーキをかけていたそうだ。しかし増井さんは、1000万人都市東京だからこそ、ぜひクマの研究を進めて欲しいと願ってくれたのだ。

その後も、増井さんはクマの研究のことを気にかけてくれていて、成果を報告に行くのは私にとっても楽しみだった。増井さんは、神奈川県のよこはま動物園ズーラシア園長の在任中に、イギリスの乗馬競技会に出場され、落馬してお亡くなりになってしまった。悲しいけれども、増井さんらしいなとも思った。

クマ研究のスタートを切らしてくれた増井さんには今でも本当に感謝をしている。

博物館へようこそ！

博物館で働くことの面白さは、研究に終始することなく、その成果を存分に一般の人たちに普及できる場が、いくらでもつくれることだ。その意味で、学芸員という職種は、実にお薦めだ。改めて数えてみると、東京都、そして茨城県での自然史博物館の学芸員としての在職期間は、24年近くになる。よく続いたものだと思う。それだけ、飽きることのない仕事なのだ。

クマの研究に携わると、どうしても人とクマとの軋轢の問題を抜きにすることはできない。その解決について悩んでいくと、とどのつまりは人々の意識（自然観あるいは動物観）をどう醸成するのか、さらには人々の判断のためにどのような客観的情報を提供できるかといった命題に突き当たる。

博物館では、就学前の児童から、退職後の熟年層まで、様々な人たちに出会うことができる。それは、多様な年齢層にものを伝えるチャンスがあるということだ。また自ら足を運ぶのだから、自然科学に関する情報を得たいと能動的に考えている人たちだ。

いつもクマだけに特化はできないながら、クマを知ってもらうイベント開催に注力した。各種の講座、ワークショップ、シンポジウムなど枚挙に暇がない。

そのひとつが、クマの教育教材の開発だった。機会があって、茨城県の博物館の姉妹館であった、ロサンゼルス郡立自然史博物館に、アメリカ博物館協会の助成で交換職員として勤務したことがある。感心したのは、限られた博物館職員数の中で（それでも、100名以上がいたが！）、効果的な教育普及を展開するための手段として、教育用の貸し出し資料の充実をはかっていたことだった。ロス博ではそれを、トランクキットと呼んでいた。

キットは、ぽんと貸し出し先に送ることが可能なコンパクトさで、しかも、トランクを開けた利用者（例えば学校の教師）に関係する造詣がなくとも、同梱されたガイドやファクトシートを使えば、すぐさま授業を始められる仕組みになっていた。関連する実物標本も豊富に入っている。

これには膝を打った。すぐさま、ロス博の職員と相談をして、日本とアメリカの双方で、クマについての正しい知識を啓発するためのトランクキットをつくろうという話になった。事前に、日米双方の小学生に対してクマに関する意識のアンケート調査も実施した。

キットには、利用ガイド、クマについてのファクトシート、もっとも大事な実物標本もできるだけたくさん詰め込んだ。こうして出来上がったのが、クマのトランクキットだ。

日本側のキットは東京奥多摩のツキノワグマを題材にして、いくつかの小学校で試験授業も行い、内容物の精査を行った後、貸し出しの運用を開始した。

博物館ではその他に、クマに関する特別企画展も開催している。開催期間中には10万人を超える来場者があった。全員が、クマが大好きだから来場した訳ではないだろうが、クマについて何かひとつくらいは学んでくれたはずだ。

人に何かを伝えたいと熱い想いを持っている人がいるのなら、博物館は自信を持って勧めることができる格好の職場だ。

6-3 『ベア・アタックス』のヘレロさん

カナダ・カルガリー大学の名誉教授のスティーブ・ヘレロ博士は、クマの世界の人間なら誰だって知っている。

痩せてひょろりと背が高く、ついでに手足も長く、欧米人の間でさえいつも頭一つ高い。その動きは何となくユーモラスで、濃い眉毛の下の瞳は、いつも温か味を帯びて穏やかだ。

名著『ベア・アタックス』

ヘレロさんは、ヒグマやアメリカクロクマの生態研究を長年続けていて、指導をした大学院生、学部生もたくさんいる。卒業生からは、クマの研究や管理の現場で頑張っている人材も多数輩出している。しかし、ヘレロさんの白眉は何といっても、クマと人との付き合い方を、全世界に知らしめたことである。その活動は、大学を退官後も途切れること無く続いている。

北米でのクマによる人身事故事例を集め、解析し、防ぐための手段を解説した一般書、『ベア・アタックス』は、版を重ねて今でも全世界で広く読まれている。本書でもすでに何度か紹介している。日本語とドイツ語にも翻訳されて出版されている。日本語版は翻訳家の嶋田みどりさんらの尽力による名訳なので、機会があればぜひ目を通されることをお勧めする。

北米では、ヒグマやアメリカライオンに襲われた人の話がたくさん出版されているが、興味本位に書かれたものが多く、ヘレロさんの著作のような科学的な解析や、そこからの学びの視点に欠けている点で大きく異なる。

国際クマ学会は、アメリカ大陸とユーラシア大陸を交互に持ち回りで開催される。学会のひとつの使命として、その機会を利用して、開催地周辺の一般の人たちにもっとクマの正しい姿を知ってもらう、あるいは付き合い方を考えてもらうための機会として、パブリックイベントを催す。一時はイベントの度にヘレロさんが登壇して、そのゆっくりと語りかけるような口調のお話は、どこでも大きな満足と拍手で締めくくられた。

いつもの十八番の上映スライドは、ぬいぐるみのヒグマが椅子に腰かけて、〝Human Attacks〟と書かれた本を真剣に読んでいる、ちょいとシニカルなものだ。

説明するまでもなく、人によって殺されたり傷つけられたりするクマの方が、クマによって殺されたり傷つけられたりする人間よりも、何百倍、何千倍も多い。このスライドがスクリーンに映されると、参加者はまずどっと笑い、次に考え込むという変化を見せるのが常だった。

奥多摩に来てくれたヘレロさん

ヘレロさんは、日本にも何度か来てくれている。最初の訪問は、1999年の春であった。その時も、それ以降も、いつもパートナーのリンダ・ウイッギンスさんと一緒で、彼女は教育普及が専門なので、まさにヘレロさんにうってつけの相棒である。クマの研究フィールドも何回も案内した。たどたどしい学生たちの英語の質問にも、静かに耳を傾けてくれた。

しかし何より、まだクマは厄介者というイメージが強かったその当時（今でもあまり変わらないといえばそうだが…）、ヘレロさんとリンダが日本の人たちに紹介してくれる、北米でのクマとの付き合い方の事例には、膝を打つアイディアが多かった。

東京都の奥多摩町で、ツキノワグマと地元の方々の間で軋轢が多発した時には、地元の小学校で授業もしてもらった。実物の標本を使い、このみんなの住む東京に、まだツキノワグマのような大型の獣が残っていること、つまりそれだけ豊かな森があることを、むしろ誇りに思おう、そんな話もしてもらった。

子供たちの反応は良かったが、果たしてどれくらい記憶に残るものであったか、また家に帰って、お父さんお母さんにどれくらい話をしてくれるのか、そのあたりは分からなかった。

大人向けの講演会も開催した。町役場の全面的なバックアップもあり、300人を超える参加者があり、その対応に私たちの方が慌てた。報道陣も詰めかけた。事前の勉強が足らずに的外れな質問も多かったが、これは今も一部の報道にみられるなんだか残念なことだ。

その夜、地元の温泉にヘレロさんと浸かった。日本式の裸の付き合いも厭わないヘレロさんだが、座高が高いため体が随分とお湯から出てしまっている。笑いながら体に手でお湯をかけ、広がる波紋をじっと見つめていた。そして、ぽつりと呟いた。

「今日のイベントですぐに何かが変わるわけではない。この波紋のようにゆっくり広がっていくことに期待しよう」

そうして親子グマが表紙になった

ヘレロさんも寄る年波には勝てない。2017年にエクアドルで開かれた国際クマ学会の際に、カナダからの参加者にそれとなく聞いてみると、パーキンソン病を患っているという。頭はしっかりしているだけに、震える体をうまく制御できないことに、心を痛める毎日らしい。椅子に姿勢を保って座ることも難しいというから、聞いている方も悲しくなる。

病状が気になっていた2018年、スロベニアで開催された国際クマ学会の懇親会の席上で、突然ヘレロさんの姿が正面の大きなスクリーンに映しだされた。会場が大きくどよめく。IBAへの長年の功績を称える、サプライズの表彰式であった。

残念ながらヘレロさん自身は出席できないものの、近影も映し出される。

席上、『ベア・アタックス』の表紙デザインについてのエピソードが紹介された。私も知らなかったが、版を重ねる中で、三度も表紙デザインが変わっていたのだ。

1985年の初版は、見る人にとっては少々怖いイメージでヒグマの姿が描かれていた。確かに私の持っているヘレロさんの直筆メッセージ入り本を見ても、他の興味本位のクマ本のように、口を開け牙を剥く姿ではないものの、さりとて愛着の感じられるヒグマではない。

2版では、初版よりも怖い、歯を見せるヒグマの写真になっている。出版社としても、購買欲を誘うキャッチな表紙にしたかったのだろう。

そして、2018年春に刷られた3版で、ヘレロさんがやっと納得できる表紙になったのだ。

それは、大きな母グマと、寄り添う1頭の子グマが、頭を上げて何かをじっと見つめる写真であった。

中禅寺湖の千手が浜で、どっしりと根を張る大木に思わず手を触れるヘレロさん

間違って捕られたクマはどうなるか

環境省にとって、その存在が悩ましいことに、錯誤捕獲がある。

本来はシカやイノシシを捕獲する目的で設置した、足くくり罠や箱罠に、ツキノワグマやヒグマが誘引されてかかってしまうのだ。本来の目的外の動物を罠にかけている訳なので、法律の解釈的にはかなりのグレーゾーンである。対応として、速やかにその場でクマを放獣することが指示されている。ところがことは簡単ではない。

罠に捕らえられ、怒り狂っているクマを放獣することは危険を伴う。箱罠に入っているクマを、扉を開けて放した自治体の職員が、飛び出してきたクマに襲われた例もある。足くくり罠の場合は、ワイヤーを外すためには、クマを麻酔することが必須だ。これはさらに危ない。

一般的には麻酔銃や吹き矢を使って麻酔薬が入った特殊な注射筒を打ち込むのだが、興奮したクマの火事場の力によって、しっかりかかっていなかったワイヤーが外れたり、よれたワイヤーが切断したりすることがある。この場合、接近していた麻酔担当者はクマの怒りをまともに受けることになる。私の知りあいのクマの研究者は、なかばボランティアでこうした作業に協力して襲われ、何十針も縫う怪我を負っている。

イノシシを捕獲する際には、米ぬかなどが特効的な誘引餌として広く利用されているが、クマも大好物なのだ。

クマの錯誤捕獲を防ぐ方法はいくつかあるものの、どれも完璧なものではない。箱罠の場合は、罠の上部にクマが脱出できる大きさの穴を開けておく方法がある。クマはイノシシと異なり、手足を使って器用に脱出できるのだ。樹洞に出入りしているクマにとっては朝飯前だ。しかし、箱罠の

KUMA Column ⑫

誘引餌の魅力を知ったクマが、繰り返し罠を訪れる常習者になることも報告されている。

足くくり罠の場合には、セットする罠の直径を12㎝以下に規制して、錯誤捕獲を防ぐ試みがされている。ただ、それでもクマがかかってしまう。また、罠の一部の径が12㎝以下になっていれば良いという抜け道もあって、縦は12㎝以下だが横はもっと広いという、楕円形のわなの設置もやろうと思えばできるのだ。ある自治体は、シカやイノシシでは問題ないが、クマがかかった際にはその強大な力で切断されるワイヤーの代わりの素材を試みているものの、実用には至っていない。

錯誤捕獲は今後も増加する可能性が高い。環境省や農林水産省が、国の方針としてシカとイノシシの数の半減施策を打ち出し、どんどん捕獲するように奨励しているためだ。頑張って捕ってくださいと言っている手前、捕獲にブレーキをかけることは出来るだけしたくないという悩ましい側面もあるのだ。

いろいろな意見があると思うが、私はクマ類の密猟は現在ではほぼないと考えている。しかし、代わりに錯誤捕獲がクマの捕獲総数を押し上げている可能性がある。すべての錯誤捕獲は報告されずに、一部は闇に葬られている可能性すらある。特にくくり罠にかかったクマは、特別な技術を持った専門家でないと、安全に放獣できない。すべての自治体でその態勢が整備されているはずもない。

シカやイノシシの分布は、北陸や東北ではまだ局所的だ。けれど、それらの地域でも分布は確実に拡大しており、これから捕獲が本格化してくる。懸念は、東北や北陸はまさにツキノワグマ分布の高密度地帯であり、本格的な捕獲罠の設置がはじまれば、ツキノワグマの錯誤捕獲が他の地域以上に高頻度で起こると予測されることだ。

クマ引き取ります

クマの遺体からは、たくさんの貴重な情報を引き出すことができる。といって、そのためだけにクマを殺すようなことはもちろんない。

ネズミなど小型の動物群では、動物を捕まえて研究目的で殺すこともあるが、そもそも数が少ないクマには無理な話だし、倫理上も許されるものではない。そのため、有害捕獲などでやむを得ず捕殺されたクマは、なんとしても貰い受けるようにしている。

胃内容物、臓器、生殖器はもちろん、筋肉サンプル、骨格、毛皮も標本として保管する。それらサンプルからは、年齢、食性、メスであれば産子数などの繁殖情報、遺伝情報など、様々な知見を得ることができる。放射性物質による汚染の程度だって、体の部位ごとに計測できる。

遺体は黙っていては入手できない。有害捕獲を実施する可能性のある自治体にあらかじめ依頼をしておき、捕殺があった際にはすぐに連絡をもらえるよう手配しておくことが肝心だ。自治体に遺体の保管施設が整備されていないことが普通なので、捕殺後にできるだけ早く引き取りにいくことが求められる。

なにしろ、有害捕獲のピークは夏前後の気温の高い時期なので、遺体の腐敗との戦いにもなる。携帯電話に担当者から電話が入ると、すぐに運搬の手配をする。いつ連絡が入るかは神のみが知るところなので、自分で動けないときは研究プロジェクトのメンバーに行ってもらう。

遺体はそのまま放置の場合もあるし、役場が好意で工事用ブルーシートなどで包んでいてくれることもある。どちらにせよ、ほぼすべてのクマは、止め刺しの段階で銃器が使われており、体液が流れ出ると共に、腐敗のスピードが早まっている。冷房が効く車で運ぶにしても、血液などで車内が汚れないように、さらにシートで包むなどの工夫が必要だ。

以前、学生が、冷房の効かない年季の入った車でクマを運んできてくれたことがある。すでに危ない匂いがするクマだった。コンビニエンスストアで買い込んだ大量の氷の袋が置かれていて、その努力とクマに対する心意気が感じられて嬉しかった。およその目安だが、強い腐敗臭や筋肉組織に青みがかってくると、毛皮の標本化は難しくなる。毛が滑って抜け始めてしまうのだ。

回収したクマの剖検《ぼうけん》やサンプル採集は、できればその日に行うことが望ましい。いったん全身を冷凍してしまうと、クマのような大きな動物は適切な解凍が難しい。特に夏場に解凍すると、表面の解凍が進んで腐敗が始まるのに、芯は凍ったままということが起こる。

さばき場所の問題もある。以前の職場であった博物館は、解剖のための設備があったので問題なかった。ところが、大学に移ってからは、遺体の引き受け自体が難しくなってしまった。赴任早々、奥多摩のクマを受け入れて、とりあえず校庭の隅で解剖を進めたところ、さっそく副学長から呼び出しを受けてしまった。

その後は、以前の職場に送ったり、山の中で処理をしたりして凌いでいるが、不便きわまりない。大学に遺体引き受け場所の整備をたびたび要望しているものの、実現する気配は今のところない。

7

クマが教えてくれる私たちの未来

7-1 社会の仕組みを変えるとき

これから先、日本の人口がどんどん減っていくことは、もう避けようのない事実だ。国がいかに小手先の手当てをしようが、この傾向は変わらないというのが私の予測だ。

低下する労働力を補うために、海外からの労働力の受け入れを促進することも検討されているようだが、なかなか難しいだろう。多くの日本人の心の中には、口には出さないが拒絶や警戒心のようなものがあるからだ。それに、現在の海外からの労働者の雇用条件を見ていると、まるでひどい扱いも多く、情けない気持ちで一杯になる。でも、もっと根本的なこととして、日本の人口減少は、狭い国土に人が増えすぎたことに対する、生物として当然の応答なのかも知れない。

ダウンサイジングの日本へ

一方で、クマをはじめとした野生動物には増えるためのチャンスに満ちている。

里山は過疎や高齢化によって活気を失い、かつて強度に利用され、耕地、禿山、草原といった景観を保っていた山々は、広葉樹の二次林などに復活してきているためだ。クマをはじめとした野生動物が闊歩しても、それを追い返すための活力は地域にもう存在しない。

このような状況の中でも、野生動物管理への諦めない努力は続けなくてはならないだろう。しかし、と思う。そろそろ、状況を受け入れて、日本はいろいろな部分で、ダウンサイジングを考えても良いのではないか。いや、むしろ変化する良い機会ではないだろうか。

世界に目を向ければ、日本と同じくらいの広さの国土しかなく、しかも人口がずっと少ないにもかかわらず、国民が豊かで人間らしい生活をしている国はいくつもある。例えば、この本でも紹介したノルウェーは、人口500万人ほどである。しばしば、南半球の日本に例えられるニュージーランドの人口は450万人でしかない。

両国の国民はよく学び、よく考え、よく意見し、さらによく働くことで、国を健全に維持している。ノルウェーのクマの共同研究者たちは、素晴らしい研究成果をあげているが、だらだらと残業をすることはなく、長い休暇だって毎年のようにきちんと消化している。それが平日であっても、夕食は家族と団欒をしながら楽しんでいる。ニュージーランドも状況は一緒だ。

この二つの国は何度か私が訪れたことがあり、また国の面積が日本と同じくらいのため例としてあげたが、同じような条件の国はほかにもたくさんあるはずだ。

人口減少のメリットもあるはず

野生動物の保全や管理に関しても抜かりはない。ニュージーランドでは、職員規模1800人の環境関係の政府部局があり、キウイなど希少種の保全と共に、ポッサムやネズミ類など、外来種の対策にも必要な人員と予算を国家業務として割いている。2017年度の年間予算は約530億円だ（日本の環境省は2018年度予算が約3300億円、職員数約2000人）。

HPを見ると、カジュアルな格好をした職員たちが、笑顔でそこかしこに登場していて何だか嬉しくなる。最近では、奄美でのマングース防除の技術移転のために、ニュージーランドの関係機関職員が来日しているほどの実力だ。

ノルウェーのことについては、本書ですでに取り上げた。野生動物管理のシステムは、徹底している。たとえば、ヒグマやオオカミが家畜や農作物被害を引き起こした際は、ただちに専門家を現場に派遣しての検証と、加害個体の特定が行われ、その対応が取られる。現場の遺留物から遺伝判定を行うための、専門のセクションまで整備されているのだ。被害に応じての保障制度もある。

人口数百万の国が、これだけのことができるのだ。かたや、人口1億2千万以上のこの国での、環境行政への予算や人員配置はいかばかりであろう。

ダウンサイジングの過程には、軋みや痛みを伴うだろう。内閣府は、この50年後には日本の人口が8千万人近くに減少する予測を発表し、国全体が危機感を抱いているようにみえる。

人口のアンバランス、すなわち高齢者が全人口の大きな割合を占める逆ピラミッドの年齢構成の時代がしばらく続くだろう。その間、若年層はそれらの世代を少ない人口で支えることを強いられる。そもそも、年金制度が怪しいことは、誰の目にも明らかだ。

だからといって、すぐに否定的に捉えるのではなく、人口が減ることのメリットを捉えることも必要ではないか。さらに一歩進んで、人口が減っていく、その過渡的段階への様々な対応をまずは考えることが得策ではないか。8千万で維持できる社会の仕組みもあるはずだ。そのためには、これまでと違った発想を持った政治家を、まず私たちが選ぶところからはじめなくてはならない。

国政についてみれば、議会中に居眠りしたり、下品なやじを飛ばしたりするだけの議員はもうたくさんだ。毎度、選挙の際の投票率の低さ、つまり有権者の関心の低さが報じられて歯がゆい。誰に投票しても同じだという諦めを、私たち有権者が持っていることも大きな問題なのではないだろうか。

7-2　日本のクマ類管理の方向性

少なくとも、本州でのツキノワグマの分布の最前線は、森のあるところほぼすべてに拡大しているように見える。森があってまだクマの入っていない場所は、もはや、クマの移動が制限されている一部の半島だけかもしれない。

こうした現象は、クマほどではないにしても、イノシシ、シカ、サルも似通っている。イノシシ、シカの場合は、積雪が分布の制限要因と考えられた時期もあったが、今や北陸や東北へもじわりじわりと分布を広げている。

クマを減らせばいいわけではない

どんどん進んでしまった、本州でのツキノワグマの分布拡大への対応として、環境省が最近になって公表した管理のためのガイドラインでは、ゾーニング管理の導入が強く推奨されている。

クマを将来にわたって残していくためのコアエリアを設定する一方、人間活動を保証するためのクマの排除地域も明確に示されたのだ。

すでに、鳥獣保護管理法に則ってツキノワグマの管理計画を定めている全部で21の自治体の内、14の自治体が排除地域の設定を行っている。今後、排除地域では徹底したクマの捕獲が推進されることになる。

これは、仕方のないことである。石川県では、能登半島を排除地域として指定してその侵入を警戒しているが、すでにクマは侵入している可能性もゼロではない。同じことは、関東の伊豆半島でも考えられる。それくらい、クマの動きが早く、行政の対応は遅れがちなのだ。

排除地域を設定せざるを得なくなった背景には、これまで緩衝地帯として働いてきた里山と言われる地域での過疎高齢化が進み、山の利用がなくなり、その機能をもはや果たせなくなったことがある。そのため一部には、里山の再活性化、つまりは山村の再生や創成を考える向きもある。とはいえ、そんなに簡単な話ではない。コアエリアからちょっとでもクマが飛び出せば、そこは排除地域ということがますます多くなるだろう。

ただし、北海道を除いても推定300万頭のシカ、推定90万頭のイノシシと、せいぜい数万頭のツキノワグマを同列に考えて管理を進めることは避けたい。クマは、広く薄く分布しているのだ。九州での地域的な絶滅や、四国での危機的な状況は、人間が本気でクマを減らそうと目論めば、かなりのことができることを教えてくれる。そこが、イノシシやシカとは異なる。

個体数をただ減らせばよいわけでもない。農林水産業被害よりも、むしろ人身事故の発生が皆の心配するところであり、全体の数を仮に減らしても、問題を起こすクマが1頭いれば、事態は悪い方向に向かってしまうからだ。各自治体が現在定めているクマの特定管理計画では、そのような理由により、〈個体管理〉を明記しているところもある。

ところが、この個体管理はそんなに簡単な話ではない。問題を起こしているクマを特定して、注意深くそのクマに対しての対応を決める必要があるのだ。そのため、特別な技術と人材が必要になる。人身事故が起こった際に、その周辺に罠をいくつもかけ、かかったクマをすべて殺処分すれば良いといった乱暴なやり方では、決してない。

シカやイノシシの管理計画では、個体数管理を目標のひとつに置き、それを実現するための捕獲従事者の確保に奔走している。現在進められている方策は、実際に農業被害を受けている農家に罠捕獲の免許を取得してもらい、箱罠やくくり罠を設置してもらうことだ。

けれども、クマについては捕獲後の処理を考えると、こうした進め方も難しい。さらに、イノシシやシカを目的とした罠にクマがかかってしまう錯誤捕獲が、実際に各地で相次いでおり、その際にはクマを保定できる技術を持つ専門家や研究者への助っ人依頼が来ることになるのだ。

捕殺対応の場合に限った今ひとつの可能性は、地元の猟師への協力要請であるが、高齢化による人口の減少ははなはだしく、この10年ほどの間にさらに激減する予測だ。クマのような大型獣の狩猟経験がある猟師は、もともと少ないことも課題として挙げられる。

〈鳥獣専門指導員〉を採用した島根県

現状はこうだ。クマが増えてきている。対応策として排除地域などの線引きを今後定めて実行していかなければいけない。そのためには専門の高い技術を持つ人材の確保が必要である。

さらに、管理計画を硬直したものにしないためには、管理施策の効果を常にモニタリングしながら、仮に間違った方向に進んでいる気配があったなら、迷わずに細かく舵を取り直していくことが必要になる。これを、順応的管理と呼ぶ。ただし、残念ながらそのための態勢には不安がある。どうしたらよいのであろうか。

都道府県レベルでは、鳥獣行政のためのシンクタンク、すなわち試験場や博物館などの研究機関があることもある。しかし、十分な人材が確保されていることは少なく、それらの職員は計画自体を作成することや、報告書作成や会計処理を含む様々な事務仕事に忙殺されていることが常だ。いわば、指揮官と現場担当者の二役をこなしているのだから無理がある。

市町村になると状況はもっと悲惨だ。専門的な知識を持つ職員が確保されていることは稀で、事務系の行政職員が定期異動によって配置される。当の職員にとっては、貧乏くじを引いたような思いでいっぱいかもしれない。

こうした事態を打破するための新しい態勢作りが、島根県で着々と進められている。それは、農林水産部の所管する出先機関に、鳥獣専門指導員と呼ばれる、いわば現場担当者を配置する制度だ。

農業改良普及員の鳥獣版ともいえる方法で、彼ら彼女らは、進んで集落に入り、クマをはじめとした鳥獣害への対応を、ある時は地域住民と一緒に、また地域住民の手にあまる案件の場合は専門的スキルを駆使して解決していく。

この鳥獣専門指導員が活動するときのミソは、市町村の担当者と一緒に行動して問題にあたることである。経験の少ない市町村担当者への、技術移転の機会にもなっているのだ。もうひとつ忘れてならない点がある。それは、鳥獣専門指導員が皆若いことだ。大学や専門学校の卒業から間がない人が多い。

現場とマネジメント、研究の三位一体

今の日本では、年金の問題もあり、定年以降も働くことが普通になっている。その再雇用の受け皿として、鳥獣管理などのポストが使われることも多いのだ。すべて悪いなどというつもりはないながら、鳥獣対策で訪れる集落の住人もお年寄り、再雇用の職員も年配者では、地域に活性

が出てこない。

その点、若い鳥獣専門指導員の活躍は、地域のお年寄りにとっても、かわいい孫が訪ねてきたような印象があり、声を聞いてくれやすくなる。もう少し頑張ろうという気持ちにもなる。

島根県のさらなる試みは、〈鳥獣対策職〉のポストの確保と、その採用だ。普通、都道府県などの自治体で鳥獣を担当する職員は、林業職や造園職といったポストで採用された専門職員が多い。一般行政職の職員が就くこともある。島根県では、日本にさきがけて、指揮官ともいうべき新しい職種を創設したのだ。

さらに、中山間地域研究センター（その中の鳥獣対策課）と呼ばれる試験研究機関を中核として、鳥獣管理の技術的課題への取り組みも行っている。現場の鳥獣専門指導員、全体を見渡す鳥獣対策職、そして技術的支援を行う研究センターの、まさに三位一体だ。

この島根県方式には、鳥獣に関わる多くの関係者が注目をしているところだ。できるなら、鳥獣対策職で採用された職員が、県の管理職に進んでいける仕組みが出来ればなお良いと思う。この点は、採用された職員の頑張りにもかかっているだろう。

いずれにしても、今後ますます繊細で丁寧な対応が求められる、日本のクマ類の管理に関して、ひとつの方向性を示している。人が減り、クマなど野生動物が増える時代を迎える中での意欲的な挑戦だ。

上空からクマを追う

意外に短い滑走で、ゆっくりと機体は浮き上がった。鬼怒川河川敷の、私設飛行場からモーター付きのグライダーが離陸した瞬間である。横並びの狭いコクピットの左側に操縦士のおじさん、右側に私が体を押し込めている。

機体は、上昇気流をたくみに捉えて高度を上げた後、進路を北北西にとって日光を目指した。樹脂製の風防から差し込む秋の太陽が眩しい。約1時間で中禅寺湖の上空に達する。おじさんは、「山の上は上昇気流と下降気流が入り混じっているから気をつけないとな。」と呟きながら谷筋に降下をはじめるが、これは少し不安だ。

フライトの目的は、衛星テレメトリー首輪を装着した後、見失ってしまったクマを上空から探索することだった。衛星テレメトリーを導入した初期のころで、首輪に蓄えられた位置情報をダウンロードするには、その首輪の回収が必須だったのだ。

本当ならセスナ、欲を言えばヘリコプターで上空から探索すれば安全安心なのだが、いかんせん予算が限られていた。そこで、つてを辿って、時間当たりの費用がセスナの半分で済む、グライダーの利用に挑戦してみたのだ。操縦士のおじさんは、「あの人は凄い」と他のグライダー操縦士から噂される百戦錬磨のつわものだったが、後でよく聞くと、普通の人はしないことでも果敢に挑むという、あまり嬉しくない意味だったらしい。

機体は、尾根や谷をなめるように進むが、時々下降気流に捕まり、ドシンと高度が下がってしまう。そうなると、狭い谷の中でゆるゆると円を描きながら高度を取り戻すしかない。私の役目は、

KUMA Column ⑭

おじさんに飛行航路を告げるナビゲータ役と、受信機に入感するかも知れない微かなビーコンを聞き逃さないことである。しかし、風に翻弄されるグライダーの挙動にどうも気が落ち着かない。しかも、飛んでも飛んでもビーコンは聞こえてこない。調査地上空の1時間ほどの探索で、諦めて帰路につくことにする。グライダーは完全な有視界飛行をするため、天候が変わる前に鬼怒川に戻りたいという気持ちもあった。

高度を上げ、せっかくだからと中禅寺湖と華厳の滝上空をゆっくり滑空したときは狭いコクピットに安堵が漂う。おじさんにとっても、きっとチャレンジだったのだ。この時は、グライダーの飛行経路をハンディGPSで地図上に再現して、探索の漏れとなっている場所をその翌日から、地上探索で潰していった。その甲斐あって、何とかクマを見つけ、首輪の回収に成功した。片品村の深い沢に入っていたのだ。

アフリカにいたときは、空からゾウを数えるために、モーター付きハンググライダーで国立公園を飛び回ったことがある。操縦技術はないので、複座式のグライダーの後部座席だ。滑走路は乾期で砂州が広がった河川敷で、ぶらつく足の下にはカバやクロコダイルがうようよしていた。これで落ちたらさすがに助からないだろうな、と半ば諦めの気持ちで離着陸を繰り返した。この経験と比べれば、足下がスースーしないおじさんのグライダーは、安全と言えたかも知れない。

その後、セスナに何度も乗り、日光や奥多摩の空を飛ぶことになるのだが、不思議なことにこれまで一度も上空から、探しているクマを発見したことはない。これでは、ただの遊覧飛行だ。

(上) 足尾山地で吸虫管を使って、アリをひたすら根気よく集める、集める。
(下) 足尾山地でのハンドリング風景。大量の機材を運び上げなくてはならない。

（上）春まだ浅いロシア沿海州シホテアリン自然保護区のツンシャ川の川辺。
（下）ベースとなるツンシャ川流域ウシャンデュイでの楽しいひと時。

8

ロシア沿海州・クマ探検記

はじめてロシアに足を踏み入れたのは、1999年晩夏のことであった。といっても、本土ではなく、昔はその一部が日本の統治下にあったサハリン州（樺太）である。北海道のヒグマ研究者、ヒグマハンター、新聞記者といった不思議な組み合わせのメンバーと一緒で、稚内からフェリーで首都のユジノサハリンスク市から入国した。

ロシア人、やるなあ

6輪駆動の軍用車に揺られて海岸線を強引に走破した後、自然保護区になっている島南端のモグチ川沿いを徒歩で遡行して幕営した。川には産卵で遡上したカラフトマスがあふれ、ヒグマの足跡と共に、食べ散らかされたマスの死体がそこいら中にあった。囓られてもなお生きているマスもいて、私たちの接近に気づいたヒグマが慌てて退散したらしい。

食料を得るためにルアーを飛ばしてマスを狙ったが、棒の先にナイフを付けて、突いた方が早いくらいであった。夜、焚き火の周りで寝袋に潜り込むと、シマフクロウの低い声が森を震わせた。

とにかく自然が濃かった。戦前は、このあたりに日本人の入植者が生活して、川沿いに木材搬出用の広い林道もあったらしい。瀬戸物のかけらが落ちており、往事の人々の生活をしのばせた。しかし、今は道も森に呑み込まれ、その痕跡を探すのは難しい。

夜、焚き火を囲みながら皆とぼそぼそと話す。もし、日本がまだサハリンを治めていたらどうなっていたのだろうと。きっと、容赦のない開発の手が入り、森こそ残っていても、ヒグマも鳥も魚も、こんなに豊かではなかっただろうねと声を落とす。

一緒に歩いたロシア人たちは、欧米の研究者たちとは異なっていた。研究者というよりもナチュラリスト、あるいは探検家といった方がしっくりきた。彼らは、例外なく様々なパターンの迷彩服を着込み、腰には大きな鞘付きナイフを下げている。背中のキャンバス地のザックは、ずっしりと膨らみ重い。新素材の服、軽量テント、山用ガスコンロ、そんな装備とは無縁である。

後で知ったことだが、給料の支給も滞りがちな中、彼らは自分たちで生き、そして徹底的な対象動物への肉薄を行い、圧倒的な量のデータを蓄積するという研究スタイルを堅持していた。もし、世界クマ研究者サバイバル大会があったら、ロシアチームはトップを走るだろう。

ある日、重たいザックを背負って喘ぐ友人を気遣って、本隊から遅れて休息していると、銃声が数発響いた。急いで先に進むと、川の中でロシア人たちが何やら作業をしている。よく見ると、射止めたばかりのヒグマの亜成獣を解体しているではないか。

理由を聞くと、我々一行の安全確保のためと、この場所はヒグマが多いための個体数調整だという。その嬉々とした姿と、解体の手際よさを見ていると、本当かなとも思う。

その夜は、クマの脂と身を、香り付けのための手近な松葉で茹でたものが主菜だった。ナイフで肉を切り取り、塩をまぶして口に放り込む。深い森の味がして、黒パンやウオトカにとても合った。ロシア人、やるなあというのがその時の感想だった。

クマの研究者の世界には1950年代から続く国際クマ学会（IBA）という国際的な組織があることは本書で度々触れた。世界中に数百人の会員がおり、定期的に持ち回りで学会を各国で開催する。学会というと、非常に権威あるフォーマルなものを想像する人もいるだろう。医学系や理学系では、確かにその傾向が強い。スーツにタイというドレスコードもある。

しかし、IBAをはじめ野生動物系の学会は、おしなべてラフだ。フィールド調査系が多いためか、短パン、サンダルはあたり前である。格好よりも、発表の内容が重視されるのだ。

そのIBAの中にあって、いつも異彩を放っていたのが、ロシア極東の沿海州から参加していたイバン・セリョドーキンだった。所属はロシア科学院極東地理学研究所、その名前だけでも権威を感じるが、彼は常に髪を七三にきちんととかし付け、長身にダークスーツを着込んでいた。たとえインドでの学会で、どんなに暑くてでもある。007に出てくる、正統派ロシアスパイといった雰囲気があり、私たちはいつも一目置いていた。

けれどあるとき、勇気を出して話しかけてみると、沿海州やサハリン、そして北方領土で地道なクマ類の研究を続けていることが分かった。その後も何度かＩＢＡで顔を合わせる内に、沿海州での共同研究の話になったのは自然な流れであった。

ヒグマとツキノワグマ、トラが同じ場所にいる

沿海州が私にとって憧れの地であったことは本書の冒頭で触れた。もう少し詳しく書いてみよう。シホテアリンという山脈がある。ロシア極東の海岸線から内陸にかけて広がり、多様な顔を持つ森林に覆われている。タイガとも呼ばれる北方林はその代表的なタイプだ。緯度的には北海道と同程度ながら、大陸独特の植物相と動物相を持つ。

特に、動物相は最終氷期の頃の日本を彷彿とさせる。大型食肉類では、ツキノワグマ、ヒグマ、アムールトラ、アムールヒョウ、リンクス、オオカミ、キエリテンなどがいる。有蹄類も、ヘラジカ、アカシカ、ニホンジカ、ノロジカ、ジャコウジカ、イノシシと多彩だ。川には、オショロコマ、ヤマメ、レノック（コクチマス）が泳ぎ、季節になるとサクラマスやサケ類が遡上する。現在、沿海州の東側の広い範囲が世界自然遺産に指定され、政府機関によって厳重に管理されている。

この地は、100年以上も前に、ロシア陸軍の将校であったアルセーニエフが率いる測量部隊と、先住民のゴリド族（ナナイ族）の老人、デルスウが、徒歩、ボート、馬で困難を乗り越えながら長期の探検行をした場所になる。黒澤明監督が、映画化もしている。

ロシア人の間でも評価が高く、最近になって、アルセーニエフたちが旅した区間の一部をトレールとして整備して、特別な許可を得たツーリストにガイド付きで開放もしている。その輝きは今でも色褪せていない。

私がこの地に興味を惹かれた理由は、アルセーニエフの著作への憧れに加え、学術的には、複数の大型食肉類が同じ場所に生活していることがあった。特に、ツキノワグマとヒグマが同じ場所で生活している地域は、ロシア沿海州を除けば、中国の小興安嶺、北朝鮮、そしてイランの一部だけになる。しかし、どの国も奥地に入ることは難しく、研究の許可取得はさらにウルトラCである。どれくらいの数のクマが生き残っているのか、それすらよく分からない。

一度だけ、中国東北部のハルビン市を出発して、黒竜江（ロシア名はアムール川）まで何日も費やして車で旅したことがある。車窓に広がる風景は地平線まで続く耕作地で、森はわずかに遠望できるのみであった。途中途中で、林業事務所を訪ねて様子を聞いてみたものの、クマたちがたくさん残っている様子はなかった。

沿海州での研究の目的は、木登りが得意でより森林に適応した比較的小さなツキノワグマと、木登りがやや不得意で体の大きなヒグマが、どのように生活場所や食物を利用しているかを解明することだ。分け合っているのか、それとも競争しているのか。

イバンにあらかじめ聞いたところでは、体の小さなツキノワグマはどうもヒグマに対して分が悪いようで、襲われて食べられることもあるらしい。トラに至っては、地上の近くの樹洞や土穴でツキノワグマが不用意に冬眠していると、引きずり出して食べてしまうというから強烈だ。北アメリカで、アメリカクロクマとヒグマが同所的に生活している地域では、ヒグマがクロクマを襲って食べることがあるので、その関係に似ているともいえる。

日本も最終氷期の1万年以上前には、ツキノワグマもヒグマもトラも本州に生息していた。その後、氷期の終了に伴う温暖化により、トラは姿を消し、ヒグマは北海道に追いやられている。沿海州でクマの種間関係を見つめることは、大昔の日本の状態を再現することにもなりそうで面白い。

夢にまで見たシホテアリンの森

ロシアへの渡航は、ハードルが高い。はじめての沿海州訪問は2012年の初秋だった。国内でクマの研究を長年一緒に行っている東京農工大学の小池伸介君との、5泊6日の弾丸ツアーだ。

調査地となるシホテアリンの拠点、テルネイ村までは、首都のウラジオストクから、陸路を延々700kmほども走り続けなければならない。しかも、終盤のあたりはずっとでこぼこの未舗装路になる。日本からテルネイまでは片道2日間かかるため、6日間といっても、実質のテルネイ滞在は丸2日でしかない。

13時間を超える長距離ドライブはさすがに辟易であったが、夢に見たシホテアリンの森は本当に素晴らしかった。すでに紅葉した森は深閑と佇み、空気は凛と澄んでいた。

モンゴリナラの木々には、ツキノワグマが登ったのだろうか、枝を折ってドングリを飽食した痕がそこかしこに見られた。ある時は、木の上から真っ黒い大きな生きものが不意にドスンと降りてきて、茂みの中をどさどさと駈け逃げていった。河の曲がり角から、ふいにアルセーニエフの一行が現れるのではという錯覚が起こったほどだ。

シホテアリン自然保護事務所での打ち合わせも上手くいき、WCSという国際環境NGOのロシア支部の人たちとも会えた。彼らは、この地で長年アムールトラの研究と保全活動をしており、テルネイ村の外れの丘の上に、3階建ての瀟洒な事務所を構える。

ゲストルームが何部屋もあり、そこに私たちは逗留させてもらえる段取りになった。所長のデールは、短身太り肉の全身に満々のエネルギーを秘めたアメリカ人で、ロシア人の奥さんがいる。

研究を開始する上での、自然保護事務所やWCSとの協働と役割分担、想定される必要な許認可、ロジスティックなどを協議して、この最初の弾丸ツアーは終わった。

テルネイからウラジオストクへの復路は、ガタが来た乗り合いバスで往路よりもさらに長い旅であったが、清冽な森の空気で癒やされ、すでに研究開始の決意は固まっていた。

帰国してほどなく、日本側の研究チームを信州大学、北海道立研究機構、東京農工大学、茨城県自然博物館と共につくり、研究のための外部資金獲得のための申請書づくりに着手した。運良く、2つの外部資金を得ることが出来て、2013年から本格的な沿海州でのクマ類研究がはじまった。

捕獲の準備だけで3年がかり

主な内容は、ツキノワグマとヒグマを生け捕り捕獲して、ドイツ製の人工衛星首輪を装着することで、その互いの行動を追跡することだ。

首輪には、近接センサーという特殊な装置を内蔵させて、ツキノワグマとヒグマがある一定以下の距離に近づいたときに、GPSによる位置情報記録の間隔を数分間隔に短縮させて、両種が互いにどのようにふるまうかを詳細に記録できる仕掛けになっている。

位置情報は逐次、上空を飛ぶイリジウム衛星を経由して私たちが取得できるので、クマたちが集中して利用した地点（クラスターと呼ぶ）に実際に突入して、クマがそこで何をしていたのかを調べることができる。落ちている糞を拾い、その内容物を持ち帰って丹念に調べることで、ツキノワグマとヒグマの利用する環境や食物に違いがあるのか、それとも無いのかを調べることにした。

とはいえ、想像以上に難儀が多かった。ほとんどの許可は、シホテアリン自然保護区事務所だけでは決裁できず、モスクワの中央機関の許可が必要な上、許認可に必要な書類が時間がたつと変更されてしまう。この時に必要だった許可をいくつか挙げると、世界自然遺産への入園許可、クマ類の捕獲許可、人工衛星首輪の使用許可、首輪が備える無線周波数の使用許可、サンプルのロシアと日本との間での輸出入許可などだ。

特に苦労したのが、人工衛星首輪の使用許可で、ロシア側はすべての仕様の公開を求めるのに対し、生産国のドイツ側は企業秘密部分の公開を渋った。そのため、首輪の使用許可を得るまでには、2年近くかかっている。交渉はすべて自然保護区事務所の所長のディミートリー・ゴルシコフ博士と副所長のスベトラーナ・ソウトリーニャさんによって行われた。科学院のイバンには、途中何を聞いても、あきらめ顔でアイ・ドント・ノーを繰り返すばかりであった。

捕獲の準備も大変だった。本来なら、足くくり罠というワイヤーを利用した装置でクマを捕獲するのが手っ取り早いのだが、希少動物であるトラがクマのくくり罠にかかる可能性があった。そのため、日本で使用しているような筒型のバレルトラップしか、当初は許可されなかったのだ。沿海州には適当なトラップ製作の職人が見つからなかったために、急遽日本でトラップを作成して現地に送ることにした。

400kgを超えるヒグマも想定されるため、日本国内でエゾヒグマ用に作製されていたトラップをさらに一回り大きくして、北海道斜里町の鉄工所に特注した。作った方も、依頼した私たちも、ものには限度があるよね、という大きさと重量であった。分解式にしたが、それぞれの鉄板があまりに重く、たわんでしまうために、現地での組み立ての際はとても苦労した。

特注した巨大トラップに、道南で使われていたエゾヒグマ用の小型のトラップを足して、シホテアリンへの輸出を企てた。しかし、その手段がなかなか見つからない。最初は、林業会社の船に便乗させてもらう算段をしたものの途中で頓挫、最終的には苫小牧からウラジオストクまで貨物船、そこから先は陸路でトラックとなったが、この交渉にかけた日数と費用は大きかった。

捕獲のすべての許可と機材の準備が揃ったのは、なんと2016年春であった。それまでの期間も、頻繁に沿海州に足を運んだ。トラップ設置場所の選定や、森を歩き回っての糞の採取、あちらこちらに赤外線センサー付きのデジタルカメラを設置して、利用している動物の種類を定性的に調べたりもした。ただ、すべては本格始動の下準備の範囲であり、気持ちははやった。

ついにクマがかかった！

2016年の早春に、ついに念願の捕獲がはじまった。当然ながら、メンバーそれぞれに仕事があるため、2班に分かれ、4月下旬から5月下旬の1ヶ月をカバーできるようにした。

春はダニの大発生する季節のために、しっかりダニ脳炎のワクチンを接種する。沿海州は罹患すると非常に致死率の高い、黒く大きなマダニが媒介する脳炎の汚染地帯になっているのだ。海外に出るときは、面倒だがこうした備えが必要不可欠になる。たとえば私は、普段から破傷風、狂犬病、A型肝炎などのワクチン接種を定期的におこなっている。

調査の中心地は、日本海に流れ込むセレブリャンカ川の支流のツンシャ川となった。テルネイ村からツンシャ川の調査拠点である丸太小屋までは、何本もの川を渡河して2時間以上かけて車で進む。普通は、車高を上げてシュノーケルを取り付けるなどの改造を施した小型の四輪駆動車で入るが、この時期は雪解け水で流れが早くて深い。

そのため、重たく嵩張るトラップを軍用の大型四輪駆動トラックで運び込んだ。これが弩弓の迫力で、ディーゼルエンジンを咆哮させ、戦車のように川を渡り、極太のタイヤで泥をこね回して細いトレールを破壊しながら進んでいった。

春はまだ浅く、そこかしこに残雪があった。ようやくフキが芽を出し、木々の冬芽も膨らんではいるが、開葉まではあと一息だった。小屋のストーブに火は欠かせず、トラップを組み立てる手がかじかむ。すでにクマたちが動いていることは、ぬかった地面に付けられた足跡や、残された糞から分かったが、この春は、クマの捕獲には至らなかった。

2回目の捕獲作業は同じ年の夏に実施された。再び2班に別れ、8月から9月の2ヶ月近くの期間を確保した。そろそろ結果を出さないと、研究資金の支出元に説明がつかないというプレッシャーもあった。イバンが、どのようなルートからか、足くくり罠の使用許可もとり、日本から運び込んだバレルトラップと、10数箇所に新たにくくり罠も仕掛けた。

くくり罠でのクマの捕獲は日本で経験がなかったために、イバンと共に、現役猟師で現在はWCSで雇用されているウラジミールが、丁寧にセットしていく。

トラップへの誘引餌は、ひどく匂って鼻曲がりの腐ったクジラ肉がメインである（コラム⑥参照）。バレルトラップは徒歩でしかいけない森の中にもかけたが、くくり罠は四輪駆動車で走れる林道脇にかける。麻酔作業の際の安全を確保するためだ。日本の林道とは規格が異なり、一部は川、一部は泥沼といった有様だ。四駆のローギアーに入れて、歩くようなスピードで進む。

ルームミラーにぶら下がるどこかの神社のお守りなど、車両の状態から見て、どうも日本のどこかの駐車場からそのままロシアに持ち込まれたような四駆も沿海州には多いが、日本で舗装路を走り続けるよりも、むしろ本望だろう。スタックの度に、あるときはドロドロになり、あるときは川に立ちこんで車を押し、少しずつ前進する。

初めての捕獲は、でかいヒグマであった。その日、車でゆっくり奥に進んでいくと、地響きのような唸り声が聞こえてきた。もしやと、さらに車を進めると、大きなヒグマが前足をワイヤーにとられ、猛り狂っている。

ワイヤーの長さ分は自由に動けるために、私たちを認めると飛び上がって威嚇してくる。ワイヤーがその度にビンと張り詰める。動ける範囲の草木は皆なぎ倒されて、まるで地面が爆発したようだ。正直ちょっと怖い。あまり興奮させると麻酔の効きに影響が出るので、いったんその場を通り過ぎ、麻酔銃と麻酔薬の準備を行う。

そろそろと現場に戻り、車の窓から麻酔銃を突き出してヒグマを狙う。すでにヒグマはこちらに気づき、突進しようとしてはワイヤーに引き戻されることを繰り返すが、一瞬の隙をついて麻酔を打ち込む。幸い推定体重はほぼ正確で、ヒグマはしばらくして静かに不動化された。

9頭のクマの追跡が始まった

そこからの作業はいつも日本で行っていることと大差ないながら、何しろクマがデカイ。体重を測るのも、木に滑車をぶら下げての大仕事だ。若いオスながら、体重は191kgあった（後の歯牙を用いた齢査定で6歳と判定された）。衛星首輪も取り付けて、その場で放逐をした。

この夜は、丸太小屋で盛大なウオトカの乾杯が続き、延々ループで、捕まえたクマ、罠、腐ったクジラ肉、森、川、その他なんでもかんでも適当にウオトカが捧げられた。

それにしても、ウオトカの乾杯には注意が必要だ。別のある晩は、夜中に堪えきれなくなり、丸太小屋を這い出した。翌朝その場所に行ってみると、くっきりとトラの足跡が残っていて声を失った。瀕死のイノシシみたいな声を出していなかったか、重い頭で記憶を辿ってみた。

この後は、比較的順調にクマがつかまり、ツキノワグマとヒグマを合わせて3頭、そのすべてに衛星首輪を装着した。さらに翌年2017年の春には、ツキノワグマとヒグマ合わせて9頭の捕獲に成功して6頭に衛星首輪を装着した。300kgを超えるヒグマも含まれた。2年間で計9頭のクマたちが沿海州で行動追跡されることになった。

ただし、どうしたことがすべての個体は、オスであった。本当の狙いは、行動圏の小さなメスの成獣に首輪を装着して、種間の遭遇の機会を高めて追跡を行うことだったのだ。何しろオスの行動圏は広大で、一旦動き出したら首輪をつけたクマ同士の出会いは、ひどく下がってしまう。オスへの首輪の装着は苦渋の判断であったが、メスが1頭も捕まらないのではどうしようもない。

こうして、2つの種のクマの行動追跡がはじまり、2017年夏からはクマたちが高頻度で利用した場所、すなわちクラスターへの突入もできるようになった。待望の楽しい作業だ。

ツキノワグマやヒグマが長期滞在した場所を携帯GPSに記録して、その場所を目指す。すると、川沿いの茂みの中に見事な寝床があったり、ばきばきに枝を折られたサクラの木が見つかったりする。当然そこには糞が落ちているので丁寧に回収をする。

衛星首輪を付けたクマの糞の可能性が高いのだが、念のために糞の表面を綿棒で擦って、クマの腸壁の細胞を採取する。後で遺伝分析により種判定をするためだ。

寝床に這いつくばって体毛も採取する。体毛を切り分けて炭素や窒素の安定同位体比を調べると、そのクマの約1年間の食性の傾向が分かる。

ヒグマとツキノワグマ、それぞれの暮らしぶり

断片的ながら、得られつつある結果にわくわくしている。

オスということもあって、ツキノワグマもヒグマも数十キロに及ぶ移動を繰り返し行っている。森の奥深くから、海岸線までびゅーんと移動して、そこに長く滞在するクマもいる。もしかすると、座礁して息絶えたクジラを見つけたのかも知れないなと想像する。

あるいはそれが秋なら、海岸線に密生する、強い風によって矮小化したモンゴリナラのドングリを求めてかも知れない。この背丈の低いナラなら、ヒグマでも、重い体を木の上に持ち上げなくても、

口がドングリに届くだろう。

近接センサーも、長距離を動き回るオスに付けざるを得なかったにもかかわらず、何回かは作動してくれた。短間隔にスイッチして記録されたツキノワグマとヒグマがニアミスした時の動きは、どちらも反対方向に移動するなどして、うまく衝突を避けているように見えた。

ツキノワグマといっても、大陸産のツキノワグマはそれなりに大きく、体重200kgに迫るオスもいる。いつも形成不利という訳ではないのだろう。一例では、ヒグマがツキノワグマを追いかけているように見える軌跡もあったが、最終的には両種は異なる方向に移動していた。ただこうした事例は、少なくとも数十のサンプル数で議論したいところだ。

スナップショット的ながら、糞から見た夏の食性も面白い。ヒグマの糞の多くは、フキなどの草本や、クランベリーなどの果実で占められていた。一方、ツキノワグマの糞は、サクラの仲間の果実が多く見られた。木登りの得意なツキノワグマと、あまり得意ではないヒグマの森の空間の使い分けなのかも知れない。

まだ、秋のクラスター調査は十分にされていないが、その時に二つの種はどのように森を使うのだろうか。沿海州のクマたちにとっての秋のごちそうは、脂肪に満ちたゴヨウマツの実と、炭水化物に富んだ、しかしタンニンという植物の側の動物の被食に対する忌避物質で苦み成分を持った、モンゴリナラの果実と予想できる。この二つの果実は木に登れるツキノワグマにとってとても価値ある食物で、冬眠前の飽食期に、脂肪蓄積に欠かせない食物だろう。

一方、体の大きなヒグマは、これらが地上に落下してくるまで利用出来ない可能性もある。地上に落ちた果実は、イノシシ、シカ類など、他のライバルとの熾烈な争いの対象にもなる。ヒグマは樹上の果実にあまり頼らず、クランベリーなどの地上性の果実に依存している可能性もある。その場合、ツキノワグマのように9月以降に飽食期に入るのではなく、夏の時期から飽食期に入り脂肪を蓄積しているのかも知れない。

このあたりは想像の域を出ないので、今後の楽しみだ。

変化しつつある沿海州の森で

現時点では、面白そうな情報が感覚的に得られているに過ぎない。実際の調査期間が短いためにデータやサンプルに限りがあるし、それらの解析もまだ終わっていない。

希少野生動植物の商取引に関する規定であるワシントン条約(CITES)に絡むサンプルとして、血液や体毛があるが、これらはまだ日本に持ち込めていない。日本側の経済産業省の輸入許可は紆余曲折の末に取得できたものの、ロシア側中央機関からの輸出許可が下りていないのだ。

せっかく首輪を付けたものの、1頭は密猟によって殺されてしまった。密猟者はご丁寧に首輪を燃やしてくれたので、現場で見つかったのは少しの金属片だけであった。高価な首輪ももちろん惜しいが、何より首輪内のメモリーに保管された、衛星経由では送れない重たいデータ、すなわち活動量センサーの値などは、涙を飲んで諦めるしかなかった。

その他にも、首輪からの位置データは順調に送られてくるものの、位置がまったく変化せず、首輪がクマの首輪から抜け落ちてしまったのか、あるいはクマが何らかの理由で死んでしまったのか、判然としないことも起きている。

今回は、首輪はすべてオスに装着したが、一般的にオスの場合は頭の周りの径よりも、首回りの径の方が太いことが多く、その個体が頑張ると、首輪は抜けてしまうことが多い。日本でも、ツキノワグマのオスの成獣を、1年間以上にわたって衛星追跡できた事例はほとんどない。

それならば、位置情報を頼りに首輪を確認すれば良いではないかという、もっともな意見もあろう。しかし、沿海州の森は広大で、道は限られた場所にしかない。奥地に入ろうとすれば、ヘリコプターによる降下を行うか、徒歩で何日もかけてアルセーニエフのようにその地点を目指すしかない。

シホテアリンは2016年、2017年の夏に立て続けに台風に襲われている。麓のテルネイ町は、その度に洪水に呑まれた。本来、沿海州は台風とは無縁の場所であったはずである。最近になって、温暖化の影響で、台風の進路が昔と異なるようになったのだ。北海道が近年台風の脅威にさらされているのは皆さんの知るところだろう。その台風は、その後も思わぬところ、つまり沿海州に被害を出しているのだ。

シホテアリンの森は、台風により大量の風倒木にあふれている。シホテアリン自然保護区事務所の調査では、信じられない面積の森が失われたという。台風は直接的に森に住む動物たちに影響を与えると共に、森林をなぎ倒し、開放的な環境に改変してしまったことによる、長期的・間接的な影響も与える。

シカの仲間のような動物にとっては、一時的に光がさして下草が増えるために有利な環境になるが、ツキノワグマのような広葉樹の果実を好む種にとっては不利だろう。この影響は、長期的にモニタリングしていく必要がある課題だ。

私自身も、夏の調査の際には、台風によって森からの避難を2度ほど余儀なくされている。いつまでも森に残っていると、増水や風倒木によって退路を絶たれるからだ。一度など、大粒の雨の中を、ほうほうの体でテルネイに辿り着くと、すでに村の大半は浸水している有様だった。

この時は、テルネイ村に派遣されたMi‐26という、100人以上の人間が運べる世界最大のロシア軍ヘリコプターによって、病人や妊婦などと一緒にウラジオストクに空路搬出される経験をした。丘の上に忽然と現れたMi‐26は、まるで怪鳥であった。

沿海州でやりたいことは山ほどある、しかし、限られた時間、人、予算の中で、これからどこまで実現できるのか、これはもう出たとこ勝負なのかも知れない。

ロシア沿海州シホテアリン自然保護区で、ついに捕獲したオスのツキノワグマ。

あとがき

クマをはじめとした日本の野生動物の将来を考えてみよう。管理や保全のためのいかにすぐれた計画を立てようと、画餅になっては仕方がない。実行に移すには、次の若い世代の活躍が必要不可欠だ。もっと言えば、少ない人口でこの先の日本を維持していくためにも、一騎当千の次の世代が台頭してきてくれなければ、すぐさま立ち往生だ。

誰がその任に就いても問題なく稼働する行政システムを構築することも大事だが、一人のへこたれない人材が登場すると、確実に事態が良い方向に向かうこともこれまでの数々の事例が示している。

次世代の育成という視点から、本書にも度々登場したインランド・ノルウェー大学エバンスタッド校のことを紹介したい。キャンパスは、オスロから汽車を乗り継ぎ、3時間ほど北東に走った山あいの農村地帯にある。2階以上の建物はなく、一見すると農場のようだ。目の前に、マスやグレーリングの泳ぐ大きくゆったり流れる川がある。冬季は凍結して、ムースやオオカミが氷上に度々現れ、授業が中断するらしい。

つまり、研究フィールドのど真ん中にキャンパスがある。ある夜、ビーバーの体に心拍計を埋め込むための調査につきあった。付属図書室前の川沿いの広場に、火が起こされる。ノルウェー伝統のジャガイモ粉でつくった薄いパンに、焙ったソーセージをくるんでかぶりつく。火は、ビーバーの捕獲作業で濡れた体を暖めるためにも必要だ。

作戦を練り、サーチライトを点けたボートが出動し、しばらく経つと網にくるまれたビーバーと共に帰ってくる。図書室での自習の息抜きか、学生がぞろぞろとギャラリーへ集まってくる。教員たちは分けへだてなく、調査の目的、施術の方法を彼らに丁寧に解説してあげる。焚火のわきで、深夜まで楽しい即席の野外教室が続いた。

学生、特に院生は世界各国から集まってくる。キャンパス内には瀟洒な寮も完備されているが、院生や上級生は寮を出て自由を求めたくなるらしく、近隣の使われていない農家や小屋に分散していく。通学はランニング、自転車、車と様々だが、馬に乗ってくる優雅な学生もいて、キャンパス内には厩舎もある。変わり者もいる。キャンパス内の川沿いに、ひしゃげたテントが張られており、不思議に思って案内してくれた学生に尋ねた。すると、厳冬期もその中で生活している学生がいるのだという。「彼は変わり者だから」、その学生はあまり興味なさそうに呟いた。極地でのサバイバル技術資格を得ている案内の学生にとって、取り立ててコメントすることではないらしい。

学生数は220名、教員数は70名なので、ゆとりのある指導が展開されている。授業は真剣勝負で、宿題や自主学習の量は半端ではない。ここには、勉強をしたい学生だけが集まるのだ。いったん社会に出て働いた後、院に入学する学生の比率も高い。教員よりも年上の院生もあたり前だ。

一度、講義をさせてもらったが、学生たちの反応が良く、質問も多い。前のめりになって聞いてくれるので、話す方も力が入って楽しい。日本の大学生も授業をきちんと静かに聞いてくれるが、どちらかというとノート取りに集中していることと対照的だ。日本の小学生たちは、みな元気で活発だが、高校、大学と進むにつれて静かになっていくのは不思議議だ。

日本の大学のことも少し。大学の教員になって驚いたのは、保護者の関わりが濃いことだ。入学式、卒業式に両親が出席することはごくごく普通だ。大学によっては、授業参観もあるそうだ。最高学府であったはずの大学が、中学や高校のようなイメージである。

インランド大学の学生の独立性がどこから来るのか、それは教育システムの違いによるものなのかが気になる。インランド大学の卒業生は、ノルウェーのみならず、全世界で活躍している。コミュニケーション能力に長け、様々な課題に臨機応変に対応して、決してあきらめない。そんな人材を育てるために、日本の自然科学系の大学、専門学校は何ができるだろう。

山田洋次の言葉が思い出される。「旧制高校では、一生懸命勉強して、いい成績を取るやつは馬鹿にされた。文学書や哲学書を読み耽り、人生や社会について悩み、苦しみ、懸命に考えるような奴が評価された。教授もガリ勉は否定した。」

クマ類の管理や保全では、限られた人材や予算の中で、どのように意味のある情報を集め蓄積していくかも大切な点だ。

そもそも、大型で気難しいクマ類の研究をひとりで進めることは難しい。あるいは、もったいないとも言える。生け捕り捕獲のような作業を伴う場合は、同じ負担をクマにかけるのなら、一気に可能な限りの情報やサンプルを集めたい。悲しいかな一人の研究者に処理できるデータには限りがあって、それは労力の観点と、専門性の観点からだ。

ジェーン・グドールやダイアン・フォッシーは、類人猿の研究に徒手空拳で肉薄して、世界が驚く成果を挙げた。私もその世界に憧れた一人であるし、その功績は決して色褪せることはない。けれども、もうひとつの研究への取り組み方として、プロジェクトを組み、研究者それぞれが役割を分担して片付けていくのも手だ。学生が多数参加して、次の世代に育ってくれればなお良い。

ただ、誤解しないで欲しいが、単独で取り組む研究を否定している訳ではない。自分が疑問に思うことを追求するのが科学研究のベースだ。実利的な研究ばかりでは世の中、面白くなくなる。

私のクマ研究も、最初から多くの人と関わり、チームを組んでスタートした。この本の中に登場した〝クマの人たち〟は、そのほんの一部である。すべての人の奮闘を取り上げられなかったことが気にかかる。

最後に、そうは言いながらももう少し歳をとったら、ゆっくりクマたちと時を過ごすのも悪くないと思う。グドールさんやロシアの研究者のように、クマの傍らにいつも静かに佇み、行動のすべてを記録していくのだ。そこには、統計やモデルといった解析は必要なく、圧倒的な観察データだけが示す新しい事実があるかもしれない。フィールドにどっぷり入れなくなって久しいが、これはいつも寂しいことだ。

「フライの雑誌」編集長の堀内正徳さんから、クマや〝クマの人たち〟を親しみやすく描いたクマ本を、とのお声がけをいただいてから、随分と時間が経ってしまった。ひとえに私のスケジュール管理の悪さによるが、辛抱強く出稿を待って下さった。改めて心からのお礼を申し上げたい。

2019年1月　山﨑晃司

●学術書では、本文中で先行研究による結果や考えを紹介した場合、かならず引用文献として書誌情報を掲載する。本書は学術書ではないし、せっかくなのでぜひ読んでいただきたいクマ本をいくつか紹介しようと思う。絶版書もあるが、今は便利な世の中である。大型ネット書店（海外サイトも含め）などを利用すると、中古本も見つけることができるだろう。（山﨑）

ヒグマとツキノワグマ　ソ連極東部における比較生態学的研究

G.F. ブロムレイ著、藤巻裕蔵・新妻昭夫訳　思索社　1987 年

1965 年に旧ソ連で出版された書籍の翻訳本。古典と言えるが、書かれている内容は、現在にあっても多くの研究のヒントを与えてくれる。ロシア研究者の粘り強いフィールド観察の賜だ。いつまでも手元に置いておきたい本。

Great Bear Almanac

G. Brown 著　Lyons & Burford Publisher　1993 年

クマについてのあらゆることが網羅された、いわば便利帳。科学的には？な部分が一部分あるものの、マニアックでとにかく面白い。メディアからの変な質問に困ったときや、暇なときにぱらぱらめくるのもまた楽しい。

Bears Majestic Creatures of the World

I. Stirling 監修　Rodale Press, Inc., 1993 年

美しい装丁の大型本。カラー写真がふんだんに使われていて、どこから読み進めても楽しい。そうそうたるクマの専門家たちが各項を担当している。進化や生態の話だけに終始せずに、クマと人との関わりについても解説している。

デルスウ・ウザーラ　沿海州探検行

V .アルセーニエフ著　長谷川 四郎訳　平凡社 1965 年

もはや古典だが、何回読んでも飽きない。最近の研究では、時間の流れの記述に一部フィクションがあるとの報告だが、許せる範囲だ。アルセーニエフのもう一冊の著書、「タイガを通って」も邦訳されている。

日本クマネットワーク（JBN）

http://www.japanbear.org/

1996 年に設立された NPO。科学的根拠に基づく、クマ類の保全や管理のためのきわめて良心的な活動を続けている。研究者、行政担当者、クマ大好きな一般の人たちで構成される。会員数は 350 人程度で不思議な安定をしている。

もっとクマを知りたい方へ
あなたも〝クマの人〟になりませんか

ベア・アタックス　クマはなぜ人を襲うか（1、2）
S. ヘレロ著　嶋田みどり・大山卓悠訳　北海道大学図書刊行会　2000 年
言わずと知れた、Bear Attacks の翻訳版。興味本位の人身事故ストーリーではなく、一般向けに平易に書かれた科学書である。表紙写真はオリジナルと異なる。原著はペーパーバックで持ち歩きやすいので、そちらもぜひどうぞ。

クマを追う　第二版
米田一彦著　どうぶつ社　1996 年
米田さんは日本のツキノワグマ管理の地平を切り開いたパイオニアだ。やって出来ないことなどないことを自ら示した。米田さんのこれまでの多くの著書の中で、現場の息遣いと熱い思いがもっとも感じられる最初の頃の一冊である。

ホッキョクグマ　生態と行動の完全ガイド
A.E. デロシュール著、坪田俊男・山中淳史監訳　東京大学出版会　2014 年
ジョン・ホプキンス大学から出版された普及書の翻訳版。著者のアンディーはホッキョクグマそっくりの巨漢で、クマのことを皆にもっと知ってもらいたいという思いが詰まった渾身の作だ。ワインの写真も素晴らしい。いつか、ツキノワグマのこのような本を出してみたい。

シートン動物誌 4　グリズリーの知性
今泉吉晴監訳　紀伊國屋書店　1998 年
シートンやファーブル、そして椋鳩十はある年代なら誰でも読みふけったはずだ。学術的には現在は変わっている部分もある。それでも、語り口調の文章を読み進むわくわく感と、ページをめくる楽しさはまったく色褪せていない。

熊　人間との「共存」の歴史
B. ブルンナー著　伊藤淳訳　白水社、2010 年
社会学的、民俗学的な視点で、クマと人との関わりを膨大な資料を元に丹念に綴った力作。著者に会ったことはないが、きっとクマ大好き人間なのだと想像できる。

森をゆくツキノワグマ（奥多摩山地・自動撮影による）

ムーン・ベアも月を見ている

クマを知る、クマに学ぶ　現代クマ学最前線

著者 ……………………… 山﨑晃司 Koji Yamazaki

挿入写真 ……………… 山﨑晃司

発行日　２０１９年1月31日　初版

編集発行人　堀内正徳

発行所　（有）フライの雑誌社

〒191-0055　東京都日野市西平山2-14-75

Tel.042-843-0667　Fax.042-843-0668

www.furainozasshi.com/

印刷所　（株）東京印書館

Published/Distributed by FURAI-NO-ZASSHI　2-14-75 Nishi-hirayama,Hino-city,Tokyo,Japan